别说你不会选酒

山口直树　著

陈欣亿　译

·北京·

内 容 提 要

你是否也很喜欢酒，但在点餐时却为酒单上罗列的众多酒类名称而犯愁，当服务生问到你喜欢何种口感时，你又发现自己并不能详细表达和描述出自己的喜好和偏爱……

其实想要挑选一款合适的美酒，并不一定要费心去研究，只需掌握一些必要的知识和简单的规则。

本书只对选酒必要的信息进行了整理，尽可能回避那些只有专家、发烧友才需了解的高深莫测的知识，帮助你轻松挑选一款属于你的“对的酒”。

北京市版权局著作权合同登记号：图字 01-2017-7721

图书在版编目（CIP）数据

别说你不会选酒 / (日) 山口直树著 ; 陈欣亿译
. -- 北京 : 中国水利水电出版社, 2018.8
ISBN 978-7-5170-6796-2

Ⅰ. ①别… Ⅱ. ①山… ②陈… Ⅲ. ①酒－选购－基本知识 Ⅳ. ①TS262

中国版本图书馆CIP数据核字(2018)第202177号

策划编辑：庄晨　责任编辑：陈洁　加工编辑：白璐　封面设计：梁燕

书名	别说你不会选酒 BIESHUO NI BUHUI XUANJIU
作者	[日]山口直树　著 陈欣亿　译
出版发行	中国水利水电出版社 （北京市海淀区玉渊潭南路 1 号 D 座　100038） 网址：www.waterpub.com.cn E-mail：mchannel@263.net（万水） sales@waterpub.com.cn 电话：（010）68367658（营销中心）、82562819（万水）
经售	全国各地新华书店和相关出版物销售网点
排版	北京万水电子信息有限公司
印刷	三河市铭浩彩色印装有限公司
规格	124mm×185mm　32 开本　7 印张　110 千字
版次	2018 年 8 月第 1 版　2018 年 8 月第 1 次印刷
定价	59.00 元

序

致希望品尝人间美酒的酒客们

你喜欢葡萄酒或日本酒吗？恐怕阅读本书的多数读者都会回答“是”或者“不讨厌”吧。

那么，你了解葡萄酒和日本酒吗？自信满满地回答“是”的人恐怕没有几个吧。

“喜欢酒，但是如果被问到喜欢酒的理由，恐怕也不能很详细地说出来……”听到这样的问题或许也只能闪烁其词了。

“拿到葡萄酒单，可以轻松地从中选出一款适宜的葡萄酒。”

“想咨询一下店员味道如何，除了‘美味’以外，别无其他辞藻，让人很不舒服。”

本人从事与酒相关的工作，经常听到诸如“因为对酒不了解，所以不喜欢”之类的理由。每当此时，我便不禁感慨“这真的是太遗憾了！”

要选择美酒，不一定要深入了解它。只需掌握一些必要的知识和简单的规则。

本书为了介绍好选酒工作，只将必要的信息进行了整理，尽可能回避那些只有专家、发烧友才了解的高深莫测的知识。困难的知识点也一概去掉。

本书特点如下：

（1）任何人在任何一家酒馆都可以轻松自如地点酒。

（2）不会再后悔，感慨“啊，失败了”，也不会再对价格和饮酒礼仪胆战心惊。

（3）葡萄酒、日本酒抑或是鸡尾酒，一本书完全搞定！

本人希望创作一本充满“魔力”的书，并将以下两点作为目标：

目标一——各类品种的酒中，了解自己的喜好。

目标二——通过与店员沟通，为自己选择一款美酒。

首先，我想解释一下目标一。世间没有绝对人见人爱的美味。比如牛排，既有人喜欢清淡口味的牛肉，也有人喜欢蘸酱的牛肉。但不应该以“喜欢红肉的人更专业”为标准进行评判，这是毫无意义的。因为凡事都是因人而异的，年龄不同，各自的喜好也自然不尽相同。

对于葡萄酒和日本酒的喜好也是同样的道理。

有人喜欢淡如清水的日本酒，也有人无法忍受日本酒强烈刺鼻的味道，对其难以下咽。这与“哪种酒算得上高级”无关，而是个人喜好问题。

换句话说，每个人都有自己喜爱的美味。如果大家不了解自己的喜好就单纯尝试餐厅所推荐的酒，是很难遇到适合自己的美酒的。

首先要了解自己对葡萄酒和日本酒的喜好，进而可以逐渐从菜单中选出适合自己的酒是才是品酒的最初目标。

但是，大家光顾的店并不一定有符合自己口味的葡萄酒或日本酒。或许也会受到所光顾店铺的风格（法国风、意大利风等）的影响，但话说回来，无论再怎么学习，也都会有不知道的品种和听都没听过的日本酒吧。

在完全不了解的情况下点餐是无法选到美酒的，这就需要依靠店员的帮助来找到自己喜爱的酒，即我们的第二个目标“请他人推荐一款美酒”。

所以，我们需要掌握可以表达自己喜好、情绪的词汇。如果没有明确表达出自己的喜好，只是拜托“请推荐一款美味的葡萄酒”是毫无意义的。就好像请他人为自己介绍一个“不错的男/女朋友”，但到底什么才是“不错的”呢？相反，如果清晰地表达出想喝什么样的酒，便可极大地提高品尝到自己心仪美酒的概率了。这样比起背诵关于酒的品种的生涩词汇更加实用。

最后，请允许我简单介绍一下自己。

本人曾在大学读书时期在餐饮店打工，感觉很有意思，从感觉很帅很酷到暑假期间决定成为一名调酒师，这便开启了我的职业生涯。

转折点在两年后，我在一家培养酒店调酒师的专业学校里遇到了一名葡萄酒老师，并被其魅力所折服，初尝葡萄酒的乐趣。从意大利风格到西班牙格调抑或是法式情调，我完全沉浸在用餐与葡萄酒搭配的奥妙中。

更大的转机是七年前，我 27 岁的时候。调酒师田崎真也先生在获得世界最佳侍酒师大赛冠军之后，被海外啧啧称道的并非是葡萄酒，而全部都是日本酒。听到这一消息，我深感震惊。在成为调酒师之前，如果对本国的日本酒都不甚了解，岂不是荒唐？我无法压抑这一情感，毫不犹豫地开启了对日本酒的研究之路。

作为日本酒的专家，我担任北信越料理店的经理，并为顾客推荐“你闻所未闻的美味日本酒”“适合你的日本酒”。

介绍的内容有些冗长。总而言之，我是对鸡尾酒、葡萄酒和日本酒的研究都有涉足的“酒专家”。那么，将葡萄酒的美味、日本酒的乐趣、鸡尾酒的趣味统统放在一本书中进行介绍，是否合适呢？

作为个人意愿，我希望读者可以通过本书喜爱上所有的酒，特别是葡萄酒和日本酒；不再是只喝某一种酒，而是如果您喜爱葡萄酒，那么一定也会爱上日本酒，反之亦然。

对于那些“只偏爱葡萄酒”或觉得“日本酒陪伴足矣”的朋友，我有自信，请他们阅读一下。

本书通俗易懂。虽说有关酒的知识有很多高深难懂的，但如果真的只是选出其中一些很必要的，很多人又会觉得怎么会这么少呢？

只要掌握一些简单的原则，即使不能成为专家，也一定会在酒的世界中很享受。

请不要因对酒毫无了解而感到一丝的自卑或害羞而不愿翻开这本书。因为，当你阅读之后，一定会在大家面前自信地说“我非常喜欢酒！”

目　　录

餐馆饮用篇

餐馆饮用篇

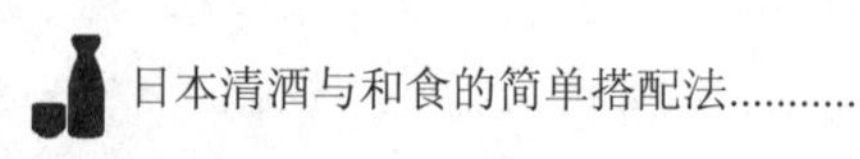

家中饮用篇

第1章

美味葡萄酒的挑选方法

Wine

- 基本篇
- 餐馆饮用篇
- 家中饮用篇

如果掌握了“坐标轴”，就可以喝到美酒了

从当今的居酒屋、超市卖场以及餐饮店的菜单看，售卖的酒的种类很多，不仅有啤酒，还有葡萄酒、日本清酒、烧酒和威士忌。

但这只是最近的事情。曾经我们只能选择啤酒、红葡萄酒、白葡萄酒以及加热或冰的日本清酒。

将饮用甜腻的葡萄酒、辛辣的日本清酒视为一种时尚，这不得不说是酒文化的一种怪相。

本人觉得，当你想喝酒时可以有多种选择，这真是世间的幸事。毫不夸张地说，生活在这样的时代真好！

另一方面，因为选择多了，对酒知之甚少的群体也逐渐增多。无论什么时候喝酒，总觉得和啤酒比起来，日本清酒和葡萄酒要辛辣得多，但却不知晓其中的缘由。

时过境迁，现在已不是当年争论“麒麟”和“朝日”两种啤酒哪种更好的时代了。

现如今，大家虽谈不上对酒全然不知，但也仅仅是建立在酒能给我们带来哪些快乐的基础之上。现代人的目标其实很明确，不就是想喝点好喝的酒而已吗？

正因如此，我们最需要做的就是先掌握一下“坐标轴”。

比如，当你想看电影的时候，大家都会下意识地使用“电影鉴赏坐标轴”。喜欢本国电影，还是海外大片？喜欢恐怖电影，还是更心怡浪漫题材的电影？是选择 2D 电影，还是 3D 电影？这都是帮助我们作选择的“坐标轴”。如果不喜欢看电影，便无须使用“坐标轴”，更不用走进电影院观赏电影了。

对酒的认知同样如此。重要的是要了解自己喜好的“坐标轴”，是喜欢红葡萄酒还是白葡萄酒？是喜欢酸味浓郁的还是清爽的？是喜欢纯米酒还是酿造酒？有了明确的“坐标轴”，选酒就变得简单、容易了。相反，如果不知道自己心中的定位，只是一心想找好酒喝，是很难发现美酒的。

1. 认识葡萄酒路上的“3 块绊脚石”

本章将介绍美味葡萄酒的选择方法以及与店员沟通的技巧。相信通过阅读本章，对于选择葡萄酒毫无自信的朋友们一定会豁然开朗，充满自信地去点酒。

我想大家恐怕现在还是会有些不知所措。那么，在开始了解葡萄酒的选择方法之前，先让我们揭开葡萄酒那层朦胧又有一丝令我们“畏惧”的面纱吧。

根据本人的经验，对葡萄酒心生畏惧主要有以下三个原因：①不了解何为“美味”；②不懂表达葡萄酒的语言；③不知道以何为标准进行选择。

接下来，我们就这三点困惑逐一为大家进行解释。

（1）不了解何为“美味”。

如果请大家谈一谈不了解葡萄酒的理由，想必大家肯定会异口同声地说“不了解何为美味”。翻开餐单，推荐的理由大都是“此酒曾获得过某某大奖，可以试着品尝一下，感觉味道还不错……”之类的话。

首先，大前提是，每个人的口味各不相同。既有人喜欢喝着能一饮而尽的 1000 日元的葡萄酒，也有人沉醉于一瓶 10 万日元的葡萄酒。有人喜欢当年酿造的博若莱，也有人痴迷历经多年酿造而成的陈年葡萄酒。这些其实完全是个人的喜好，无所谓哪种更高级。

但是有一种倾向是，越是习惯葡萄酒，越是上了年纪，就越喜欢味道多样的复杂葡萄酒。因为味觉是会慢慢改变的。

伴随着年龄的增长，我们逐渐爱上“涩味”“苦味”和“酸味”。回忆一下我们的童年时光，是不是很讨厌苦涩的茶水、苦味的肝脏？这是因为我们本能地认为涩味、苦味是“有毒的味道”，酸味则代表着“腐烂的味道”。这些其实都是我们身体最本能的抵抗。另一方面，孩子非常喜欢甜的东西。这是大脑的认知，“甜的东西是无毒的”。“喜欢甘甜的葡萄酒”总会让人感到很“外行”，但这其实是作为生物最真实的感觉而已。

但是，人类在不断地品尝“有毒的味道”“腐烂的味道”后，舌头会逐渐适应，甚至开始鉴别甚至喜欢这种味道。经过对其认定“此味道是无毒的”之后，居然可以逐渐认知为“这种味道是美味的”。

刚开始喝酒的人往往会认为新鲜多汁的葡萄酒是美味的，但了解葡萄酒的行家则往往喜爱那种饱含苦与涩的复杂口味，这是很自然的。随着年岁的增长，舌头愈加习惯和享受复杂与成熟的味道。虽然有些令人痛苦，但或许正是因为这一点，葡萄酒才可以说是成年人的乐趣吧。

除了个人的喜好，由于“习惯了葡萄酒”，我们对“美味”的理解也会发生变化。通过品尝各种葡萄酒，你心中的“美味”或许也会逐渐改变。因此，了解葡萄酒的人也无须勉强自己，硬将那些被称为“美味”的葡萄酒视为真正的美味。

（2）不懂表达葡萄酒的语言。

不了解葡萄酒的第二个理由是“语言”问题。

大家是否见识过高级侍酒师或葡萄酒狂热者特有的说话风格？“干草的味道太刺鼻啦”“这才是葡萄酒的土腥味啊”。其实这些表达的确让人有些费解，总觉得很难理解究竟是想要表达什么。

但是，完全不必在意如何使用这样深奥的语言。试想一下，如果是第一次约会，对方说些“干草味道太刺鼻了，仿佛看到了勃艮第的草地……”这样不着边际的话，难道你不想马上逃走吗？诸如“味道很棒！”“这酒味道清淡，与主食很配”“嗯……虽然有点发涩，但是习惯了”之类直接的表达应该更接地气吧。但即使说了这些通俗易懂的话，还是总有人挑毛病，觉得不够专业。

所以为了享受葡萄酒，我的建议是要尽量避免专业用语。“美味”“喜欢”这类词语已经足够了。无须介意被认为是“太过外行”“很愚蠢”。

当然，请店员推荐美味的葡萄酒时，还是需要了解一些简单的词语。这些词语不是像“干草的味道”这样高贵的表达方式，而是具有味道指向性的、让人感觉平易近人的词汇，如“甘甜”“辛辣”“苦涩”和“清爽”等。

了解了这些“指向性词语”，便能更容易地理解店员的解释，交流起来也更轻松。在海外旅行时，就像暂且记一下“早上好”“（吃饭前说）我开动了”等。其实，如果仅需要了解一点点“葡萄酒界的共同语言”，交流便立马容易起来。

而且，如果掌握了一些词语，对于味道的理解也会更加深刻。一边饮着酒，一边领会着“啊，就是这种复杂的味道”，品尝葡萄酒顿时会变得更加享受。

反过来说，让了解葡萄酒变得困难的一个原因恐怕就是这“似懂非懂的共同语言”了。词语本身可以简单理解为“甘甜”“辛辣”“苦涩”，但实际上每个人都会有不同的体会与认知。

比如提到“有钱人”，人们往往会联想到像比尔·盖茨这样世界级的富豪，如果想到的是身边的私人医生的话，交流起来就难免有些尴尬了。

为了在交流中避免发生这种尴尬，还是让我们学习一下有可能是你前所未闻的葡萄酒界的共同语言吧。

知道这些你便没有理由不自信了！葡萄酒界的七个通用词汇。

1）复杂。

夹杂着葡萄以外的各种味道（也就是指橡木桶、动物、铁等这些本来不属于葡萄自身的味道和香味）的葡萄酒往往被形容为“复杂”。说到“复杂”，其实就是葡萄被酿造后，经过时间的沉淀，置于酒桶中的熟成等过程后，将很多种葡萄混杂在一起制作而产生的。简而言之，葡萄酒被酿造出一周乃至一年后，比起用两种葡萄酿造的葡萄酒来说，用六种葡萄酿造的葡萄酒肯定更具这种复杂的味道。

举个更容易理解的例子，现在日本已经形成一股潮流的博若莱新装（在勃艮第的博若莱地区，用本地区每年收货的葡萄制成的葡萄酒），它的“复杂”就是一种完全相反的味道。博若莱新装必须只能用一种叫作“佳美”

的葡萄作为原料酿造，并且并不需要很长时间的熟成即可出货，所以像这样制作出来的葡萄酒就没什么“复杂”而言了。而正是这种叫博若莱新装的葡萄酒，保留了葡萄最纯粹的味道和香味，也就是最简单的味道。这才是真正的葡萄酒，有一种让人一饮而尽的冲动。

这样说来，似乎“复杂”的葡萄酒要比“不复杂”的葡萄酒有一种更地道的感觉。事实上，“复杂”的葡萄酒对于品酒行家来说是可以很容易地鉴别出来的。但至于什么是好酒、喜欢什么酒，就见仁见智了。即使是所谓“复杂”的酒，如果品酒的路数不对也会认为不好喝。虽然说一般的高级葡萄酒都会有这种“复杂”的味道，但是也绝对不能说有“复杂”味道的就必然是高级葡萄酒。

2）重—轻。

这主要是针对红葡萄酒使用的词汇（白葡萄酒则是通过酸和甜的种类来表现）。说到“重”，并不是字面意思上表达的那种触摸感，而是酒入口时压迫舌尖的那种厚重感，如果没有这个过程而直接流进喉咙就是“轻”。这两个词各自也有别名，即“全身”和“轻身”。

如果非要表现出味道有什么不一样的话，那就是混杂着各种要素的“重”葡萄酒味道浓郁，而与之相反的“轻”葡萄酒则可以说有一种新鲜的果味。

3）涩味（单宁）。

这也是对红葡萄酒而使用的词汇，同时也是区分红葡萄酒优劣的重要因素。

涩味是由单宁的多少而决定的。酒入口时，如果在牙根有一种酥酥麻麻的感觉，口腔黏膜会有褶皱感，这便是单宁含量较多的葡萄酒。事实上这是因为单宁有一种与人类唾液产生化学反应的特质，所以才会使人在生理上出现这种酥酥麻麻的褶皱感。由于这种感觉确实不太好体会，所以对于刚开始品酒的人来说并不是很容易就能感觉出来的。

但是由于单宁有一种帮助我们人体分解消化脂肪的功效，所以在吃脂肪较多的肉餐时，饮用单宁较强的葡萄酒是非常合适的。因此大多数人都熟知这样一句话“红酒配红肉”，这便是单宁的功劳。反过来说，如果是单宁含量不多的红葡萄酒就没有必要非得配着肉吃了。

顺便说一下，单宁其实就是葡萄籽里的一种原始成分。所以我们在直接嚼葡萄籽时，口中会有一种难以名状的感觉，并且这种感觉会充斥在整个嘴里。这就是“涩味”。由于红葡萄酒会将葡萄籽和皮发酵，所以单宁也渗透到了酒里（而白葡萄酒在制作过程中会将葡萄籽和皮去除，所以也就没有了涩味）。

而且，单宁并不是只存在于葡萄籽里，从木头中也是可以分解出来的。将葡萄放入橡木桶中熟成，也是可以加速单宁分解的。对于那些不能接受“涩味”的人来说，一听到“这是使用橡木桶熟成的葡萄酒”这样的话，就会立刻问道：“啊？涩味一定很强吧？”再加上服务员那略显严肃的表情，肯定会将这“不好喝”的葡萄酒回绝了。

这样是不是就可以将“涩味”很强的葡萄酒和“重葡萄酒”划等号了呢？

4）果实味道、多汁水果味、果味的区别。

虽然这三个词放在一起似乎意思都一样，但实际上还是稍有不同。

果实味道＝多汁水果味＝葡萄本身的味道

果味＝香味

果实味道和多汁水果味可以说是饮用时缠绕在舌尖的浓郁感觉，而说到果味或许可以理解为从酒杯中散发的香气或者是从鼻尖感受到的香气。所以说果味实际上是一种香味，而并不是喝下去时在喉咙中感受到的味道。就好比花茶，是闻上去有一种花的芳香，而不是喝下去在喉咙里感觉是花的味道。

5）橡木桶的香味。

在橡木桶中陈酿过的葡萄酒，除去葡萄本身所具有的特点、品种香气和酒香之外，还会赋予饮者一种巧克力、咖啡、稍许烤焦的面包片、布丁中焦糖或兼而有之的怡人香气。不管怎样，它的特征就是香气怡人。

很多人对橡木桶有些过于迷信，但我想大声地说："用橡木桶熟成并不就等同于高级与美味！"

知名的高级葡萄酒就是要带有橡木桶的独特香味，因此"橡木桶香味＝高级葡萄酒"这一说法在世界范围内广泛流传，于是制造者便聚集到一起，开启了用橡木桶酿造的时代。为了制造出橡木桶的香气，甚至出现了向不锈钢器皿中放入橡木块的做法。

但是，橡木桶的香味并不能靠极端的手段注入到美味的葡萄酒中。明明是通过绝妙的配比而酿造的葡萄酒，却只为了单纯追求橡木的味道而变了样，这样的例子屡见不鲜。抱着只钟情于浓烈橡木味道的理念去选择葡萄酒，却因为这强烈的橡木味而喝了根本就不好喝的葡萄酒，这未免也太不值得了。

相反，那些不太喜欢“用橡木桶酿制葡萄酒”的人认为，有可能会喝到放入橡木块的劣质葡萄酒。与其这样还不如找到一家值得信赖的小店，喝一杯真正用橡木桶酿造的葡萄酒，这样一来无论是否在行也都能体会到真正的橡木香味了。

6）酸味。

白葡萄酒的酸味大体可分为两种：如酸奶、养乐多般温和的酸（乳酸）和如未成熟苹果的果酸（苹果酸）。

基本上白葡萄酒都含有苹果酸，特别是“霞多丽”这一品种酸味过强，为了使味道变得温和，使用“苹果酸一乳酸发酵方法”将苹果酸味变为乳酸（作者认为，专业术语无须熟记于心，依稀记得应该叫作“温和的苹果酸一乳酸”）。

即使是同一种葡萄，味道也不尽相同，就好比酸奶的酸和苹果的酸，它们味道是完全不同的，这一点将在后面进行详细说明。特别是像使用霞多丽这一品种的葡萄酒可能有哪些酸味，还是让我们在选择前先确认吧。

7）上等酒。

说到“上等酒的味道”，对于我们来讲概念或许很模糊。“上等”一词为何如此难以把握，是因为比起味道本身，它还体现了葡萄酒给人们带来的完美感受。因此，我们可以这样理解，不论品种，只要是如生产者的初衷酿造出的高品质葡萄酒，就是上等葡萄酒。

涩味、酸味和甜味的平衡都掌握得很好，各种味道都有的葡萄酒就应该是上等酒。因此，上等酒应该是这些味道的完美结合，而不应该是单纯地只有某种特定的味道。

一听到“上等酒”这个词，就应该联想到这个词其实是对经过精良技术加工出来的上等葡萄酒的褒奖。

综上所述，这七个词应该就是葡萄酒界的所谓“共通语言”了。

①复杂；②重—轻；③涩味（单宁）；④果实味道、多汁水果味、果味的区别；⑤橡木桶的香味；⑥酸味；⑦上等酒。

顺便提一下，在法语中，表示香味的词汇有很多。甚至有“皮革”“猫的小便”等，这些对于其他国家的人来讲简直是无法想象的词汇。

如果真心想了解葡萄酒，只有和懂酒的人一起品酒方能体会“原来这就是猫的小便的香味呀”。但对于普通的品酒，只要了解“口味浓郁”“富含果汁”“充满橡木气息”等词汇便足够了。

如此说来，不知大家是否注意到，正如刚才介绍博若莱一样，作者反反复复使用了多次“不复杂”这个词，但为什么不说“简单”呢？

实际上，在葡萄酒界，大多习惯了不使用批判、消极的表达方式。或许头脑中曾一瞬间要进行批判，但实际上又全部都改成了较为积极或中性的表达方式。不说“胖子”，而要说“富态”；不说“多愁善感”，而要说“怀旧”，总是略带一些褒奖的表达方式是葡萄酒界的一大法则。

与之相反，日本清酒的品酒评价则以“扣分评价法”为主流。如果稍有一些奇怪的想法或所谓创新，就会被扣分，因此有如清水一般清清爽爽的日本清酒是评价最高的。最近，日本清酒界也出现了加分评价方法，对带有明显特征的酒进行评价。但是话说回来，这种“扣分评价法”似乎才最具日本特色。

（3）不知道以何为标准进行选择。

不懂葡萄酒的第三个原因就是关于葡萄酒的要素有很多。一般在葡萄酒的标签下都会清楚地注明如下信息：

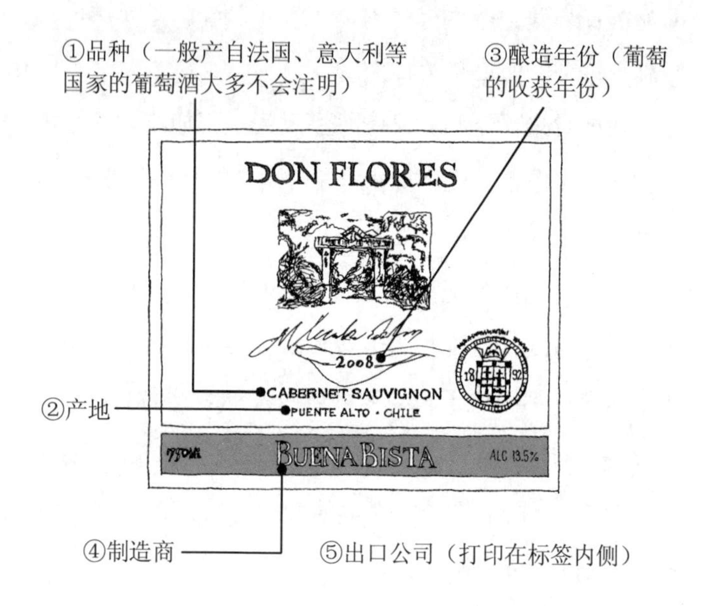

类似这样的信息如果用洋气的英语或法语写出来，就好比是事业有成的归国子女伫立在眼前一般，大多会让人刮目相看。不过这明显是虚张声势，想吓唬住你，至于这酒究竟品质如何还真不好说，没准非常一般。

其实，如果看到类似这样的信息，对于鉴别葡萄酒已经无计可施的你来说简直就是个天大的喜讯。因为就这五个注明的要素而言，只要有一个词有十分详细的标注，那么好几个都可以直接无视。

那么究竟是哪几个可以不用管呢？正确答案就是除了“品种”以外，其他都不用管。

即使不理会“公元 2000 年纯正酿造”“出口公司位于哪里哪里”“产自法国卢瓦尔河畔”等耀眼标签，也能遇到真正好喝的葡萄酒。

接下来说说理由吧！

首先是酿造年份。一旦开始追求酿造年份，就免不了花费大把的银子。而事实上，近一段时期同年份的酒在品质上或许并无太大区别，而且能制造出稳定品质葡萄酒的技术也在不断发展。“这一年的酒不好喝……”“这一年的酒最差……”，类似这样的对葡萄酒的评价也越来越少了。

其次，对制造商和出口公司的关注实际上是那些品酒行家的乐趣所在。他们一旦有了比较中意的制造商和出口公司，选择葡萄酒的乐趣也就更大了。如果标明在标签上的信息本来就不多，那对品酒行家可就是很大的挑战了，因为这样一来能够找到好酒的线索就更少，所以只能凭行家们的真本事了。

接下来说一下产地，这里的产地其实并不是指国家，而是指某个国家内的特定地区，比如说法国的“波尔多”。在大众看来，产地是彰显葡萄酒品质与地位的重要因素，因此，产地写得越详细就越有可能受到消费者的欢迎。这样一来，很多葡萄酒都把产地标注得十分具体，比如“产自某个特定地区”“产自某条著名河流流域”“产自某知名农场”等。所以说，选择葡萄酒的时候请一定留意产地，如果把产地写得很宽泛、不具体，那显然对于酒的品质来说也就没什么参考价值了。

作为一个卖葡萄酒的店员，比起听到“我想要波尔多葡萄酒”，如果是听到“我喜欢佳美这个红酒品种”这种在行的要求，显然更能准确把握消费者的需求。

这样一来我们便经常可以听到“什么法国红酒、智利红酒我们都可以置之不理……”这样的话，但为了避免招来误解还是得补充说明一下，其实即使是同品种的葡萄酒，对其国别的鉴定也是十分必要的。后面我们会详细解释，即使是同品种的葡萄酒，原产国不同，其制造成本和效益也是各不相同的。

说到这里，想必有人会问：“为什么品种是选择葡萄酒的核心所在呢？”是因为这里面涉及葡萄酒的制作方法了。

事实上本书着重介绍了葡萄酒和日本清酒的选择方法，但葡萄酒和日本清酒在制作方法上更大的不同又是什么呢？想必有人会有这样的疑问。

那对于这个疑问可以暂且置之不理吗?

按极端的说法，将收获的葡萄放到发酵的环境中都会变成葡萄酒。也就是说，尽管原材料葡萄与不经任何处理发酵出来的葡萄酒在味觉上会产生一定偏差，但事实上用苏维翁葡萄做出来的葡萄酒就会是苏维翁的味道，用席勒葡萄做出来的葡萄酒就会是席勒的味道。

而对日本清酒来说，将收获的稻米放到发酵的环境中是不能直接变成日本清酒的。如果要真正酿造出日本清酒，需要往里面加入酵母，采用混合加热等多道程序。因此，为了使其味道发生变化而需要的酿造工序还是很多的。

那么，日本清酒的味道是不是就与稻米的品种没有太大关系了呢？

我们要明白一点，日本清酒的现实情况与葡萄酒不太一样。经常听到有人说喜欢山田锦这种酒，这就是一种酒的名字。而说喜欢某个品种的日本清酒的情况则真是太少见了。

因此，葡萄酒的味道事实上大部分是由品种决定的。把握了这个大原则，在葡萄酒的选择上也就简单容易多了。

2. 决定性价比的重要因素

在前面的介绍中我曾提示过大家：即使是相同品种，也应该再确认一下出产国。这主要是因为在性价比方面可能会有很大差别。

在这里，我想简单向大家介绍一下对性价比带来很大影响的“两大世界”，即“旧世界”和“新世界”。

所谓“旧世界”，是指法国、意大利、西班牙等制造葡萄酒历史悠久的国家。因此，欧洲各国基本上都可以说是“旧世界”。

而“新世界”就像名字一样，是指最近一段时间才开始制造葡萄酒的国家。这些国家的葡萄酒制造历史最长也不过百年左右，如澳大利亚、新西兰、智利等国家，主要集中在南半球。说到北半球，美国也是比较有名。

“新世界”因其土地和劳动力的费用比较低，生产出性价比较高的葡萄酒相对容易些；相反，“旧世界”因其土地、劳动力等费用比较昂贵，往往由于预算的原因而不易生产出高性价比的葡萄酒。

事实上，即使是同一品种，“旧世界”和“新世界”生产的葡萄酒在味道上还是有细微差别的。日照时间相对较短的“旧世界”生产出来的葡萄酒更容易有酸味；而日照时间相对较长的“新世界”，由于其种植的葡萄水分较多，往往能够酿造出口感更好的葡萄酒。现如今，这种趋势也越来越明显。因此，对于刚开始喝酒的人来说，还是建议喝一些多汁且涩味较少的“新世界”葡萄酒比较好。

其实，不管是“旧世界”还是“新世界”，有很多葡萄酒能够反映出葡萄产地的国民性格，这种带有性格特色的葡萄酒也是非常有意思的。

举个例子，德国的葡萄酒由于具有很高的酸度，所以德国人往往给人很勤勉的印象。在完全没有适合葡萄种植的寒冷土地上生产葡萄酒可以说是一种极为严峻的挑战，由此一来，德国葡萄酒便展现出了这个国家严谨的国民性格。

再说其他国家，法国给人的感觉可以说是纤细而高尚的，同时也是孤独的。而西班牙则是大家在一起相言甚欢，给人容易亲近的感觉，并且当地的葡萄很多汁。阿根廷、智利等国家则代表了“新世界”那种天真烂漫的味道。这一切的一切都仿佛是冥冥之中命运的安排，国民的性格被带到了葡萄酒的酿造中。因此，如果按照国民性格去选酒，是不是会意外地发现这就像选另一半呢？

那日本生产的葡萄酒又是怎样的情况呢？

由于日本的降水量比较丰富，所以葡萄里的水分也比较多，特别是在收获时节还容易碰上非常讨厌的台风。最可怕的是，越是贫瘠的土地，生长的果实味道越会浓缩，而适合大米、蔬菜生长的典型日本肥沃土壤又都不用于葡萄的种植。

鉴于这种情况，为了避开雨水的侵袭，往往会选择一些坡度比较陡的土地进行种植，同时对田地里的排水系统加以改造，以技术手段尽可能将不利因素一一化解。经过不懈的努力，现在日本造的葡萄酒也慢慢得到了国际社会的广泛认可。依靠着严谨的态度和先进的技术而酿造出来的日本葡萄酒，或许也鲜明地代表了日本人的国民性格吧。

3. 单一品种和混合品种，究竟哪一个更好呢

由一种葡萄酿造出来的葡萄酒叫作单一品种葡萄酒，而由很多种葡萄混合制作出来的葡萄酒则被称为混合葡萄酒。有的人认为，混合是为了抑制那些因为年份不同而产生的零零散散的杂味，同时也是为了在味感较差的葡萄中加入味感较好的葡萄来进行调整。

以我的亲身感受来说，日本人肯定会对单一品种给予更高的评价。因为在日本人的心目中，只要是没有经过混杂的纯粹的葡萄酒都应该是上等好酒。但是，混合的初衷其实是为了酿造出最美味的好酒。因此，绝不能说是为了中和味道差的葡萄才进行混合的。

不可否认，如果是依据品种去判断自己的喜好、记忆酒的味道的话，单一品种的葡萄酒往往会更好一些。而如果猛然从混合葡萄酒下手，则经常会搞不清哪种味道对应哪种葡萄。所以一开始从单一品种来判断是比较推荐的做法。

但随着我们逐渐弄清自己的喜好，尝试挑战一下混合葡萄酒也未尝不可。在葡萄酒的品牌目录中，在品牌葡萄酒排行榜中，混合比例高的葡萄酒往往排名比较靠

前。去选择一些自己喜欢的品种（尽可能是相近的）按照最前面的名字混合一下，味道应该不会有太大的变化。

注意：

- 首先，除了品种，其他都先不用考虑。
- 如果是按照性价比选择的话，必然是选新世界葡萄酒。

葡萄酒列表的印象

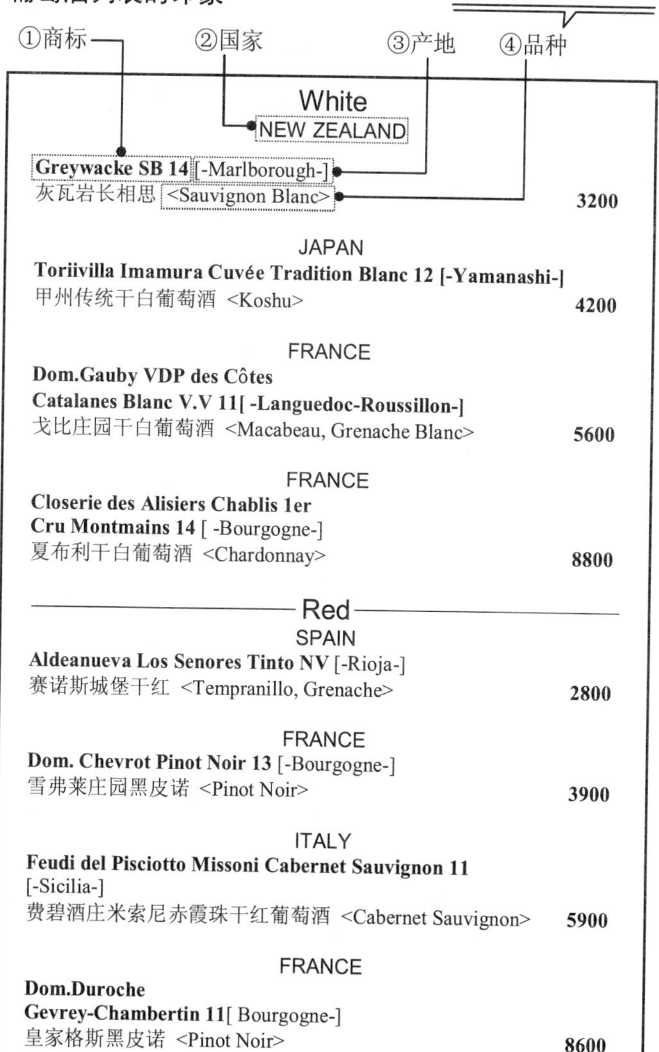
一定要先确认品种！
①商标
②国家
③产地
④品种
White
NEW ZEALAND
Greywacke SB 14 [-Marlborough-]
灰瓦岩长相思 <Sauvignon Blanc>
3200
JAPAN
Toriivilla Imamura Cuvée Tradition Blanc 12 [-Yamanashi-]
甲州传统干白葡萄酒 <Koshu>
4200
FRANCE
Dom.Gauby VDP des Côtes
Catalanes Blanc V.V 11[-Languedoc-Roussillon-]
戈比庄园干白葡萄酒 <Macabeau, Grenache Blanc>
5600
FRANCE
Closerie des Alisiers Chablis 1er
Cru Montmains 14 [-Bourgogne-]
夏布利干白葡萄酒 <Chardonnay>
8800
Red
SPAIN
Aldeanueva Los Senores Tinto NV [-Rioja-]
赛诺斯城堡干红 <Tempranillo, Grenache>
2800
FRANCE
Dom. Chevrot Pinot Noir 13 [-Bourgogne-]
雪弗莱庄园黑皮诺 <Pinot Noir>
3900
ITALY
Feudi del Pisciotto Missoni Cabernet Sauvignon 11
[-Sicilia-]
费碧酒庄米索尼赤霞珠干红葡萄酒 <Cabernet Sauvignon>
5900
FRANCE
Dom.Duroche
Gevrey-Chambertin 11[Bourgogne-]
皇家格斯黑皮诺 <Pinot Noir>
8600

葡萄酒的选择，品种才是王道

1. 只记住这点便足够了！葡萄的品种就是“红5白3”

说到葡萄酒，品种才是王道！只要头脑中存在品种和味道这两个概念，葡萄酒的选择就会变得很简单。

话虽如此，但如果说到用来酿造葡萄酒的葡萄品种，差不多全世界得有二三百种。如果连酿造年份都算上，能够记住所有品种和商标的人恐怕在地球上应该没有吧（就连我，对于意大利产的葡萄也存在很大盲点）。

不过，你也不必担心。本书的目的其实并不是要把你培养成“葡萄酒博士”，所以我也绝不会说什么晦涩难懂的话，我向你保证，本书绝对给你一种简单易懂、接地气的感觉。

为了挑选到美味的葡萄酒，你需要记住的葡萄酒品种也就是以下8种：红葡萄酒有5种，白葡萄酒有3种。你只需要以这8种作为最基准的品种，再去选择其他300种酿造的葡萄酒便不会出错。

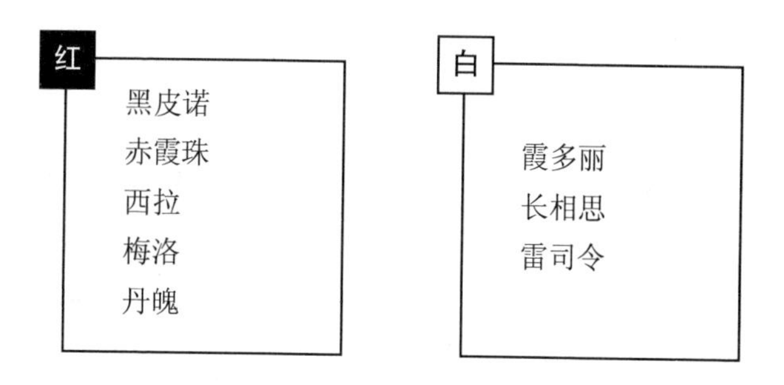

在这些品种当中，或许有你耳熟的，或许有你第一次听到的。究竟每一种都是什么味道呢？让我们就以这8种为最基本的主线，去发掘你最钟爱的葡萄酒吧！

2. 让我们从“派系选择”说起

闲话少说，这就让我们走进红酒的世界吧！

说到红葡萄酒，首先请记住有关味道的两大主线，分别是“酸味”和“涩味”。只要明确了这两大主线，无论是什么样的红葡萄酒都可以作出明确的判断：是喜欢还是不喜欢。每当喝下一杯酒之后，如果可以问一下自己：“与这个相比，是需要酸味（涩味）更强的还是更弱的？”如此一来，便可以找到与自己喜好十分接近的葡萄酒了。

如果以上作为基准，就可以产生如下两个“派系”。

（1）勃艮第系（＝酸味强）。

（2）波尔多系（＝涩味强）。

在这两个“派系”当中，可以判断一下自己更青睐哪种味道，这便是第一步骤。

这里需要特别强调一下，勃艮第和波尔多都是法国的地名，这两个名称的区别此时仅限于味道，而并不是指这两个地区所栽种的葡萄。

首先，说一下勃艮第系。

对于勃艮第系来说，其实有着非常简单的规则。那就是凡是以“勃艮第”作为标签的，必须只能使用黑皮诺这一品种的葡萄来酿造。但凡不是100%黑皮诺酿造的葡萄酒，都不能以“勃艮第”的名义来标记，这一点甚至受到了法律的保护。

再详细地解释一下，如果说到黑皮诺，则酸性就是它最大的特点。没别的，就是一个字——酸！几乎可以说没有涩味，入口后绝对是那种顺着舌头直接入喉的轻快感，让人感觉心旷神怡。

葡萄酒的味道经常会像果酱一样表现出来，然而一说到果酱，什么黑加仑味、草莓味甚至黑醋栗味，真的是什么样的味道都有。其中要数黑皮诺的葡萄酒色泽较为明亮，比较接近于粉红色系的果酱，所以经常给人一种女性专属的感觉。

而波尔多系就大不一样了。它与100%用黑皮诺酿造的勃艮第系有很大不同，是使用了很多品种来酿造的。其中比较具有代表性的当属赤霞珠和梅洛。这两种酒基本上都会由若干个品种进行混合，并且混合品种各自的比率不同，味道也有所不同。

可以说波尔多系的涩味是非常强的，是一种男性朋友们特别钟爱的厚重味道。每当酒入口的时候，都会有一种在舌头上打转的感觉。而且，这种酒大多经过了长时间的熟成，所以也会产生很多复杂的味道。如果对应果酱来说，那应该算是纯黑果酱。这类葡萄酒的颜色非常深，别说是喝，就连看起来都会给人一种很涩的感觉。

首先你可以先尝试一下勃艮第系，如果有“感觉太酸了”或者“还是厚重一些比较好”的感觉，我想应该可以判断你更喜欢波尔多系了。

3. 一看到酒瓶的设计，就能知道它的味道

对于勃艮第系和波尔多系来说，就连酒瓶的设计都

会有很大差别。勃艮第系大多是斜肩设计，而波尔多系则基本上都是高肩的设计。

将波尔多系的酒瓶设计为高肩形式，是为了使葡萄酒在熟成过程中尽可能地保留住酒澱（产生涩味的最重要成分），防止它们进入到玻璃当中。而将勃艮第系的酒瓶设计为斜肩的目的却正好相反，为的就是能够让这些酒澱顺着瓶子流淌，大量地流入到玻璃当中，这样勃艮第系中产生涩味的成分就会变得越来越少。因此，斜肩对于勃艮第系来说可以说是正合适。

还有另外一种酒瓶的设计，也很具有代表性——产自德国（也有一部分产自法国）的白葡萄酒雷司令（第50页）的酒瓶设计。这种酒给人的印象就是很鲜明、很痛快的酸味，而它的酒瓶设计也独具特色，酒瓶很高，而且细细长长的。把它与斜肩、高肩放在一起，一眼就能看出它的不同。

以上三种酒都能让人很容易地一眼望去便联想出它的味道，所以一定要记好它们酒瓶的样子。

波尔多系

勃艮第系

雷司令

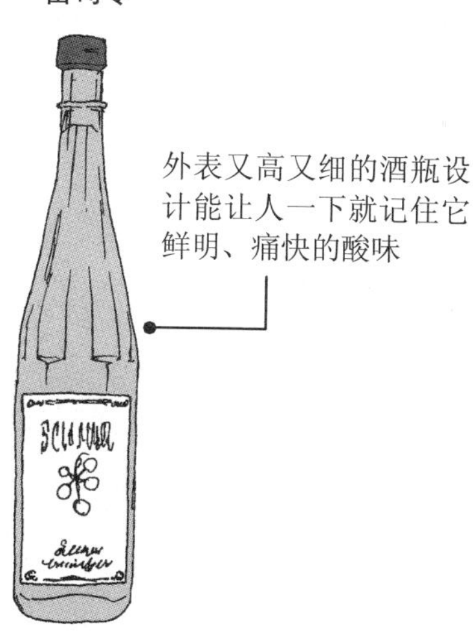

4. 将 5 种红葡萄酒对应 5 种不同类型的女人

接下来，让我们一起进入有关“品种”的话题。

对于大家来说，提到品种，第一个系列恐怕是以下 5 种：黑皮诺、赤霞珠、西拉、梅洛和丹魄。应该没错吧？

但话说回来，如果硬是要熟记这些品种及其特色，确实不是件容易的事（品种太多）。于是我便脑洞大开，突破自己的极限，硬生生地想到了一个点子，那就是把这些品种分别对应 5 种可爱女生的性格特点。男人都幻想能够见到自己钟情的女人，而女人也都想变成同性中的佼佼者，所以从这个角度来说，把酒的品种联想成女人的性格，是不是你就会非常期待读一读这本书了呢？

代表红葡萄酒界的 5 种女人（品种）
黑皮诺
赤霞珠
西拉
梅洛
丹魄

PINOT NOIR

黑皮诺

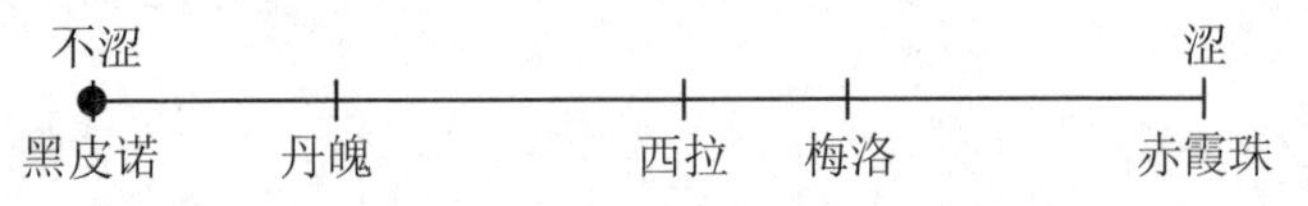

曾经在介绍波尔多系时有过这样的解释：除了黑皮诺以外都可以是波尔多系。为何只对黑皮诺如此特殊地划分？大家有没有想过这个问题呢？

说到黑皮诺，可以说它就是红葡萄酒界公认的“女王”，一直站在红葡萄酒界的最高点。那么使她成为独一无二的华丽“女王”最主要的原因是什么呢？答案就是黑皮诺真的十分纤细，像女人一般柔情似水。这样一来，酒瓶设计成斜肩也是完全可以理解了。说到表现出来的味道，有一种奢华的感觉，好似草莓糖果一般。无论是作为早饮还是熟成以后饮用，都可以说口感上佳，总之堪称完美（著名的罗曼尼·康帝就是由100%黑皮诺酿造）。

可以堪称红葡萄酒界的华丽女王

还有一点就是，黑皮诺的酿造非常复杂，而且对生产的场所要求也非常高，这些都可以作为黑皮诺当选“红葡萄酒女王”的理由。还有就是由于黑皮诺基本在很寒冷的地区制造，成长比较缓慢，所以它的准入门槛也是非常高的。

CABERNET SAUVIGNON

赤霞珠

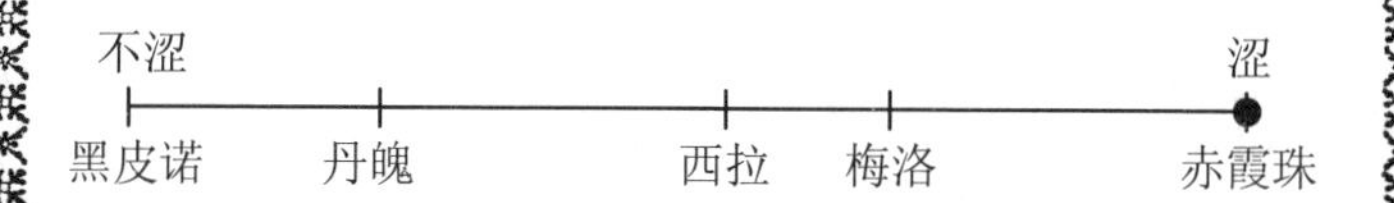

与涩味不强的勃艮第系的黑皮诺相比，赤霞珠可以说是截然不同，处于一个完全相反的位置，因此被称为“波尔多系的国王”。这个品种与生俱来有一种宝冢男一号的气质（酒瓶设计是高肩的，确实像个男人一样）。涩味、酸味、甜味、香味全部集结于一身，是一个非常圆润、饱满的葡萄品种。

由于集很多特点于一身，甚至可以说几乎没有什么缺点，所以赤霞珠好似一个总有压倒性存在感的超级明星，一直被人们推崇。不过，也有一些不同的声音。有的人认为这个超级明星虽然样样都占，但却更像个没有自己个性的傻瓜，为此也的确有很多人陷入了争论。所以，在现实中很多法国产的廉价赤霞珠也越来越被买家们嫌弃。

SYRAH

西拉

西拉像是一个活力十足的女孩，给人的印象宛如一个穿着牛仔短裤、皮肤黝黑的少女。她的样子差不多就是曾经的安室美奈惠（大家不都是这么说的吗？）。

这是一种基本上要在非常温暖的、日照时间长的地区才能制造的开放式葡萄（产自于澳大利亚的西拉也称作西拉子）。由于多汁而味道很甜，所以即使不经过熟成，那种新鲜的味道也让人沉醉。

此外，西拉在具备多汁特点的同时，还有一股类似于辣胡椒的味道，这个特点也是让人觉得很有趣。当然，在葡萄酒中我们就不能说是辣味，还是说成一种特别的香味比较好。也有人说这种香味像是印度咖喱一般的特殊香料，甚至还有人形容为薄荷、桉树的香味，总之可以说是五花八门。

MERLOT

梅洛

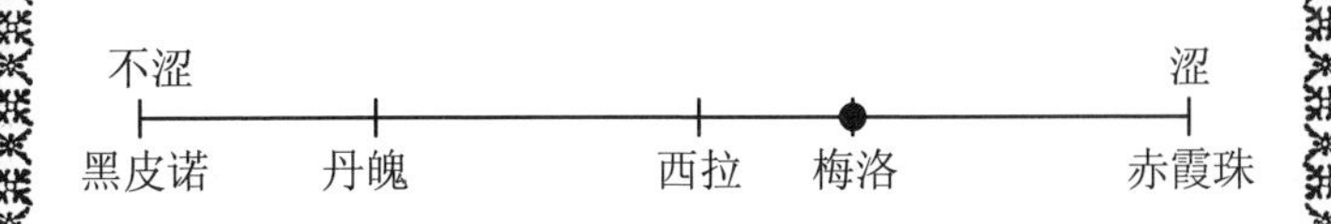

梅洛就像是安静地坐在午后的时尚咖啡屋中受过良好教育的优雅人妻。

梅洛的魅力在于其有一种将所有味道平衡的美味。用一个词来形容特别贴切，那就是“雅致”。如果说集各种味道于一身的话，梅洛在这一点上很像赤霞珠，但是它的酸味、涩味和甜味又不像赤霞珠那么强烈，可以说拿捏得十分讲究。然而，有这样一个比喻，经过了慢慢熟成的梅洛给人的感觉是没有过多花哨却又保持着铮铮傲骨，俨然一种大义凛然的感觉。

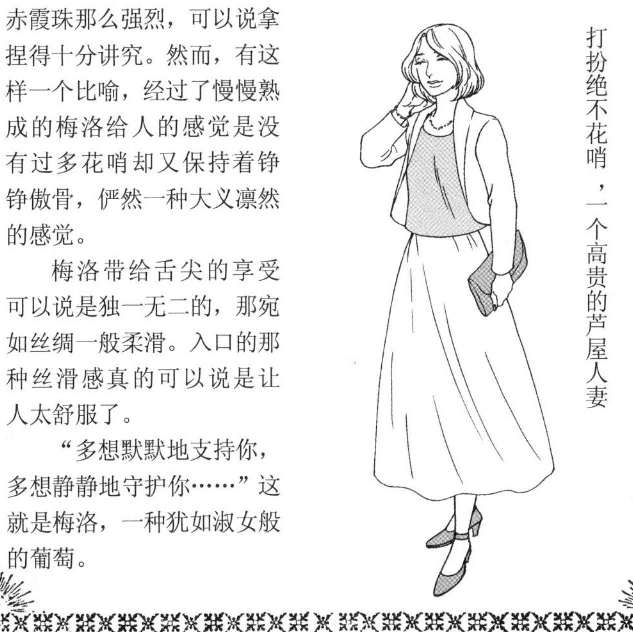

打扮绝不花哨，一个高贵的芦屋人妻

梅洛带给舌尖的享受可以说是独一无二的，那宛如丝绸一般柔滑。入口的那种丝滑感真的可以说是让人太舒服了。

“多想默默地支持你，多想静静地守护你……”这就是梅洛，一种犹如淑女般的葡萄。

TEMPRANILLO

丹魄

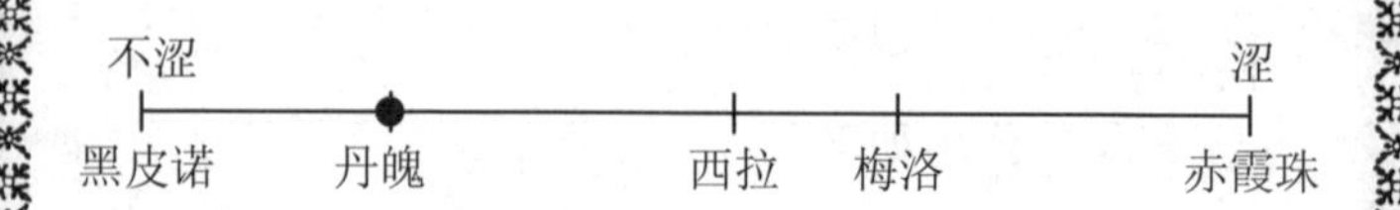

每当你看到瓶身写着西班牙语就大概能猜出这是一款产自西班牙而且能够让你心旷神怡的葡萄酒。

丹魄给人的印象就是一个天真开朗、朴实无华的西班牙女郎。正是由于这个特点，很受大众欢迎，因此渐渐成为了既便宜又美味的大众葡萄酒。

既然产自西班牙，那就得好好利用天时地利，配上味道很浓的西班牙菜才是真正的完美。这一点和西拉差不多，丹魄具有很强的西班牙特色。

西班牙是一个日照多、降水少的国家，按理说这样的气候并不太适合生产葡萄酒。因此，在生产过程中必然提高含糖量，还要尽可能地把浓郁的果实味发挥到极致。所以当你心情有些低落的时候，一定要来杯丹魄。

5. 需要记住的红葡萄酒的“第二系列”葡萄

如果能够记住以味道作为标准的第一系列葡萄，就可以很轻松地作出如下比较：“这种葡萄酒比西拉口感还要辣”“倒也挺喜欢这种梅洛，有没有和它类似的其他酒”……说出这些话的好处在于能够增强你的自信，可以在与店员的交流中毫不怯场。从今晚开始，你就可以选择自己钟爱的美味葡萄酒了。

说实话，接下来要说的这些葡萄种类并不像第一系列那样味道很标准，但是如果能知道这些在葡萄列表中经常出现的第二系列葡萄，能够与他人交流的关于葡萄酒的话题就会更多，交流起来也会更方便。下面就介绍第二系列葡萄中的 4 种。

佳美

佳美给人的感觉就像是还不太喜欢打扮的初中女生。密封的博若莱新装使用的就是这个品种的葡萄，基本上不用熟成就很好喝，属于“早饮类型”。一般来讲，加入了佳美的葡萄酒基本上都会被称为“大众葡萄酒”。

种植佳美对于环境基本上没什么要求。说得极端一些，这是一种像杂草一般的葡萄，在哪里都能生长。喜欢这个品种的人看中的就是它那股新鲜的味道，因此也没有熟成的必要。

种植佳美非常容易，现金回笼的周期也短，制造商们都很钟爱种植这种葡萄。

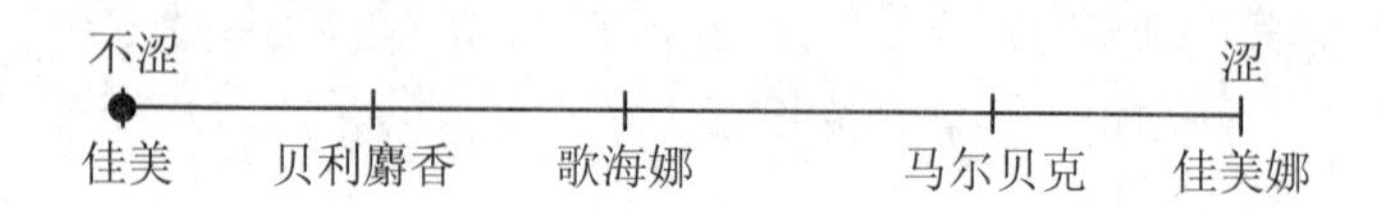

佳美娜

如果说佳美娜与梅洛是一对姐妹，那么佳美娜就像是那个沉默寡言的妹妹。说得不好听一些，就是没有个性。所以一般提到佳美娜，坦白来说，很少有人会关注它本身的味道，基本上都会说与梅洛一样。它最值得关注的就是，一直到最近才知道有这个品种的存在，而此前人们却全然不知。

一直到 19 世纪佳美娜都是在法国栽培的，由于寄生虫的肆虐，一度认为其已经灭绝。而大约 100 年后，在遥远的智利，人们又发现了这个一直以来都被误当梅洛栽培的品种。无论是外形还是味道，它都与梅洛极其相似，即使是在 1994 年通过 DNA 技术将其确立为一个新品种也根本没有人在意。佳美娜就是一种在智利孤独生长的“虚幻”葡萄，像个传说一般存在着，但对于葡萄酒界的行家里手来说，它还是有一定存在感的。

今后，每当你看到佳美娜这个名字的时候，或许都会想起今天我讲的这个小故事，那就顺便记住很像梅洛的佳美娜吧。

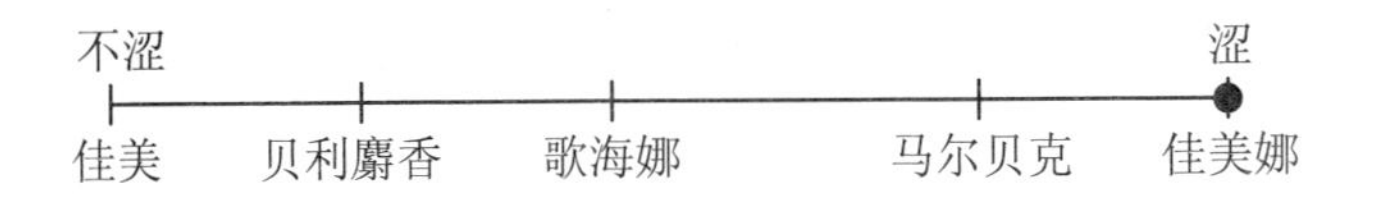

马尔贝克

马尔贝克属于丹魄系列，多汁而且容易饮用，即使是刚开始喝酒的人喝也完全没有问题。那种感觉就好像遇到了同班的好朋友一样亲切。

将其全部的特点与“第一系列”中的赤霞珠相比较，马尔贝克的酸味和涩味更弱，只是果实味更突出一些。它经常被拿来与其他葡萄混合酿造，因此，凡是加入马尔贝克的葡萄酒都应该很受刚开始喝酒的人的青睐。

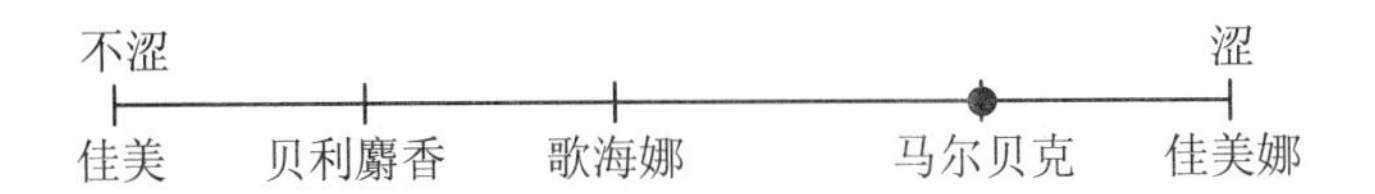

歌海娜

歌海娜是一个介于马尔贝克和西拉之间的品种，魅力在于其多汁感，很受刚开始喝酒的人的喜爱。打个比方，歌海娜的外表看起来像个辣妹，但令人感到意外的是，其实它是一个性格比较保守的女孩子。由于是轻红葡萄酒，所以比起那些脂肪比较多的肉，还是与类似于鸡肉这种“轻肉料理”一起享用比较好。

将歌海娜作为单一品种来酿造的酒几乎没有，基本上都会将它与其他葡萄混合酿造，可以说是一个很有名的配角。

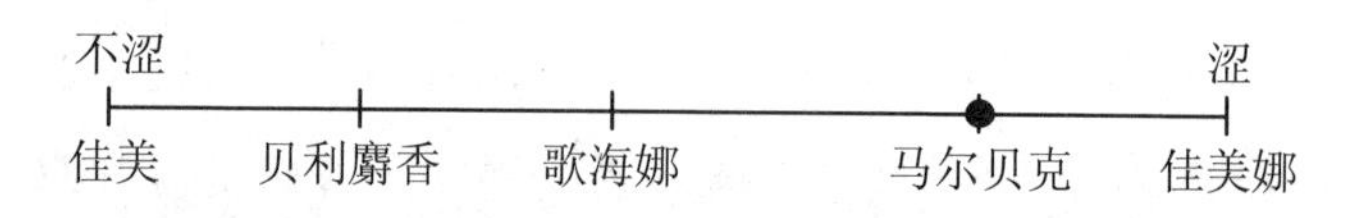

贝利麝香

贝利麝香就好比日本的大和抚子[①]，是少数日本产红葡萄酒的专用葡萄。正因为产自于日本，所以在与和食的契合度上，是其他葡萄品种望尘莫及的。与海外的那些葡萄酒相比，贝利麝香很柔和且容易饮用，它的口感绝不会给“纤细”的和食添乱。

贝利麝香为何会如此柔和呢？就这样直接生着吃都

① 指代性格文静矜持、温柔体贴、成熟稳重并且具有高尚美德气质的女性。

会觉得很好吃的“麝香葡萄”（比制造葡萄酒用的葡萄的水分更大），在其中再加上制造葡萄酒用的专用品种“贝利”，这二者的完美结合造就了如此柔和的口感。虽说这种葡萄的名字总给人一种合并重组后的公司的感觉，但它确实是被称为“日本葡萄酒之父”的川上善兵卫潜心研制出来的新品种。

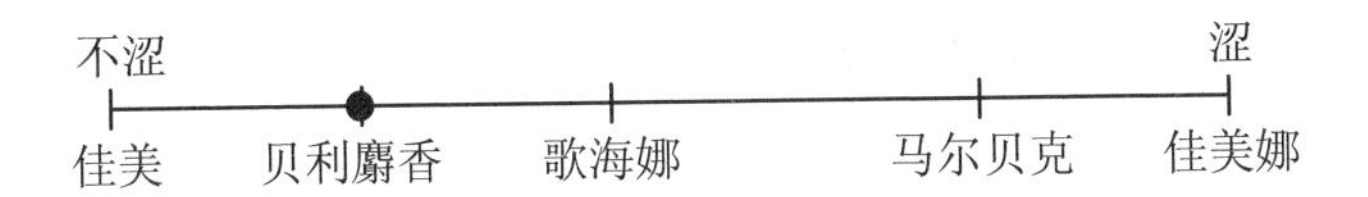

有个制造白葡萄酒的葡萄品种叫“甲州”，也是可以生吃的葡萄。在可以说基本上没有什么葡萄酒文化的日本，红葡萄酒也好白葡萄酒也好，这些品种都是经过改良之后的佳作。

下面我们将前面介绍的品种总结归纳一下。特别是对于刚开始喝酒的人来说，下面的图表非常有用，一定仔细看。

○ **即使是刚开始喝酒的人选择起来也不会出什么错的葡萄酒**	（西拉）（丹魄）（马尔贝克）（歌海娜） 涩味和酸味都很弱，非常多汁。不同制造商生产的酒味道差别也不会很大，都是比较容易喝的葡萄酒。并且，在新世界栽培的比较多，性价比特别高。

<table>
<tr><td rowspan="4">△
刚开始喝酒的人很容易选走眼的葡萄酒</td><td>（赤霞珠）</td></tr>
<tr><td>制造商不同，生产的赤霞珠品种也不同。单就这个品种来说，就是一个十分畅销的无敌品牌。因此，不管是旧世界还是新世界，很多制造商都生产赤霞珠，造成赤霞珠的质量良莠不齐。这就好比是走熊本熊成功的老路——全日本一拥而上，批量生产。</td></tr>
<tr><td>（黑皮诺）</td></tr>
<tr><td>与赤霞珠相比，黑皮诺对生产者的各种要求都很高，所以滥竽充数的制造商很少。各制造商生产黑皮诺的手法不同，产出的味道差别很大。</td></tr>
</table>

我说一句和与品种其实没有太大关系的话：对于产自法国的廉价葡萄酒，还是不要入手比较好。由于法国的葡萄酒有很强的品牌效应，所以一般来讲价格会比较高。就像松阪牛、神户牛这些品牌牛都会以很高的价格交易，甚至同一产地生产酒的时间点不同，价格也会有天壤之别。

因此，如果同一品种和价格的智利葡萄酒与法国葡萄酒同时摆在眼前，肯定是智利的葡萄酒更胜一筹。产自法国的廉价葡萄酒有时也就那么回事，甚至是会让你大失所望。市价 3000 日元的法国葡萄酒在餐馆里会卖到 7000 日元到 8000 日元以上（真的是非常昂贵）。不过也有好的一面，那就是价格虽然高了，选走眼的可能性便大大降低了。

6. 当你回答“喜欢咖啡还是红茶”时，瞬间就可以了解你喜欢什么样的红酒

从黑皮诺到贝利麝香，你有没有发现自己到底喜欢哪一种葡萄酒呢？事实上，如果是一边喝酒一边在脑海中浮现出各种性格的女人那真是再好不过了，这样就可以按照自己喜欢的女性类型去挑选钟爱的葡萄酒了。我想作为侍酒师的我这么一说，读者应该就不难理解了吧。

说到这里，让我们暂时忘记那些美丽多情的女性，以味道为基础该如何选择自己喜欢的葡萄酒呢？接下来我就要隆重介绍一下本人独创的《瞬间找到喜好口味图表（红葡萄酒篇）》。只需要回答非常简单的问题，就能找到对应的你喜欢的葡萄酒。是不是觉得很神奇？那就往下看吧。

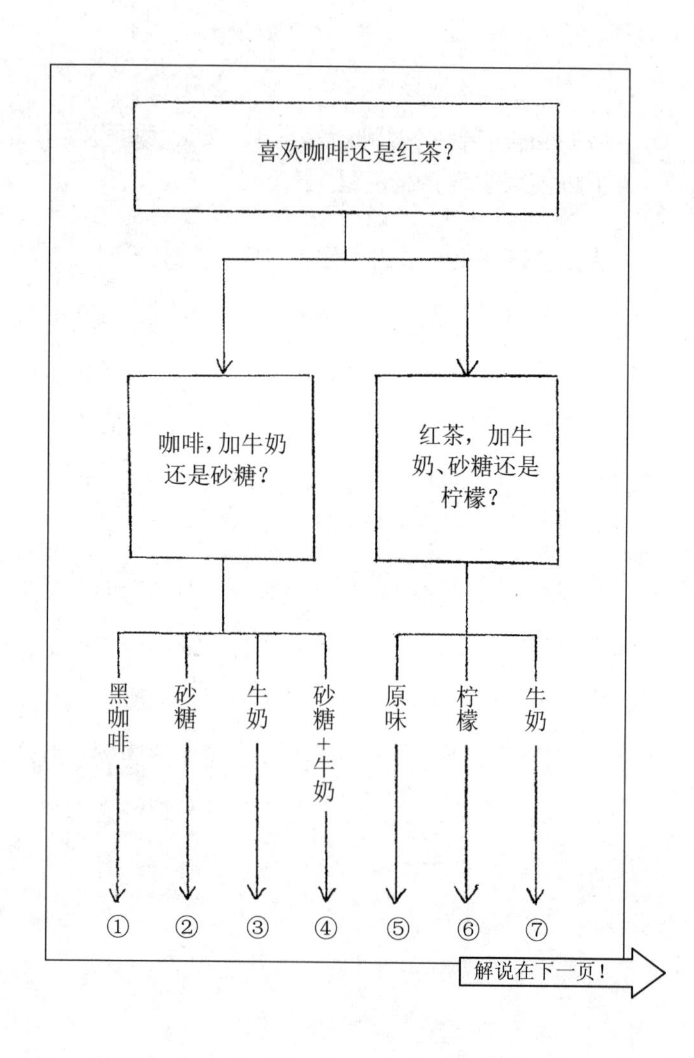
喜欢咖啡还是红茶？
咖啡，加牛奶还是砂糖？
红茶，加牛奶、砂糖还是柠檬？
黑咖啡
砂糖
牛奶
砂糖+牛奶
原味
柠檬
牛奶
①
②
③
④
⑤
⑥
⑦
解说在下一页！

有没有看懂呢？还是让我来解释一下吧。

第一个问题："喜欢咖啡还是红茶？"

选择咖啡的人应该很看重苦味，就好像饱含木桶香的波尔多系。而另一个选项红茶就应该代表勃艮第系了，红茶淡淡的颜色就仿佛黑皮诺一般。

接下来进入第二个问题，对于已经选择咖啡或红茶的人问下一个问题，选择红茶后是加牛奶、砂糖还是柠檬（对于选咖啡的人只问加牛奶还是砂糖）？

由于牛奶是用来中和酸味的，所以经常选择喝红茶加牛奶的人应该对酸味还是比较回避的；反之加柠檬的人应该是很喜欢酸味的；而加砂糖的人则肯定不太喜欢苦味；至于选择黑咖啡的人，肯定是酸味和苦味都喜欢了。

将以上的内容进行总结，就可得到下表。请你一定结合自己喜欢的口味参考一下。

瞬间找到喜好口味图表（红葡萄酒篇）

喜欢类型	口味	解释
咖啡	黑咖啡	波尔多系全部。旧世界的赤霞珠
	加砂糖	新世界的赤霞珠、西拉

续表

喜欢类型	口味	解释
咖啡	加牛奶	在温暖的新世界酿造的有丰富果实味的葡萄酒，丹魄等
	加砂糖和牛奶	特指多汁且容易饮用的歌海娜、马尔贝克
红茶	原味	产自寒冷地区（法国勃艮第和德国）的黑皮诺
	加柠檬	新鲜的佳美
	加牛奶	将酸味控制得恰到好处的加利福尼亚黑皮诺

7. 将3种白葡萄酒对应3种不同类型的女人

接下来，我们一起来聊聊白葡萄酒的品种。

白葡萄酒与红葡萄酒相比，还是有很大区别的。首先需要记住的就是，白葡萄酒和红葡萄酒相比，即使是同一品种的葡萄酿造的白葡萄酒，味道也很容易会产生差别。以酒桶、酸味、甜味为基础，不同的酿造方法会带来不同的特色味道。

以品种作为基础，类似“用酒桶熟成的霞多丽”“有很甜味道的雷司令”等都是加入了若干要求的特殊喜好的酒，那么究竟有没有相对应的女性类型呢？让我们一起去寻找吧！

代表白葡萄酒界的3种女人（品种）
霞多丽
雷司令
长相思

CHARDONNAY

霞多丽

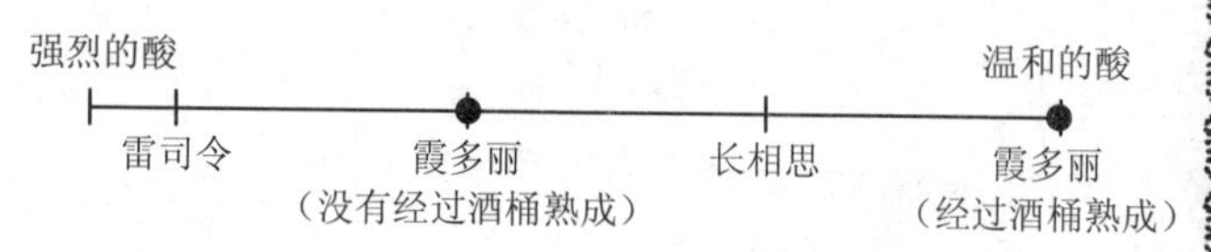

说到霞多丽，或许没有特色便是它最大的特色。霞多丽随波逐流，像是一个很容易被感染、被影响的女性。正因如此，酿造的方法不同，其味道会有天壤之别。如果有人说“喜欢的品种是霞多丽”，对于认真的人来说肯定会有这样的疑惑：“究竟喜欢什么样的霞多丽呢？”

对于霞多丽而言，大致说来可以“酒桶”和“酸味”为轴来区分，基本上有四种味道。

首先，根据是否使用酒桶熟成，就有两种味道。由于用酒桶熟成过的葡萄酒有一种类似烤面包的特殊香味，所以在购买时，最好向店员问一句：“这种霞多丽用过酒桶吗？”这样一来，店员就能非常清晰地理解你的需求。

另外两种味道是由酸味进行区分的，一种是类似于乳酪的非常温和的酸，另一种是类似于青苹果的强烈酸味。

酸味温和的霞多丽有着蜂蜜一般的香味，所以可以搭配奶油、黄油等口感较重的食物一起享用。

很容易被感染，但就是没有自身特点的无个性女性

RIESLING

雷司令

雷司令就像是傲娇美女，在外面能冷若冰霜，在家里笑靥如花。有时会很甜，有时又会很辣。依照“甜味”的不同，雷司令可以分为两种。如果说霞多丽以“酒桶”和“酸味”为轴进行区分，那么雷司令的轴就应该是“甜味”了。

雷司令其实并不是甜味很强的葡萄。因为产自德国的葡萄在其栽培过程中已经越过了北方的界限，所以很难让葡萄本身有很强的甜味。而雷司令的甜味实际上得益于生产技术。因此，在德国的法律中有这样的认定：“越是甜的葡萄酒，其价格也会越高”。

有时甜美，有时冷酷，每次见面都会不一样的傲娇美女

由于超甜口的雷司令已经是很高端的葡萄酒了，所以我们在普通小店中看到的雷司令的口味基本上都是在甜口到烈口之间。正因为不同的雷司令在味道上有很大差别，所以每当酒单上有雷司令的时候，最好先确认一下“是烈口的还是甜口的”。

SAUVIGNON BLANC

长相思

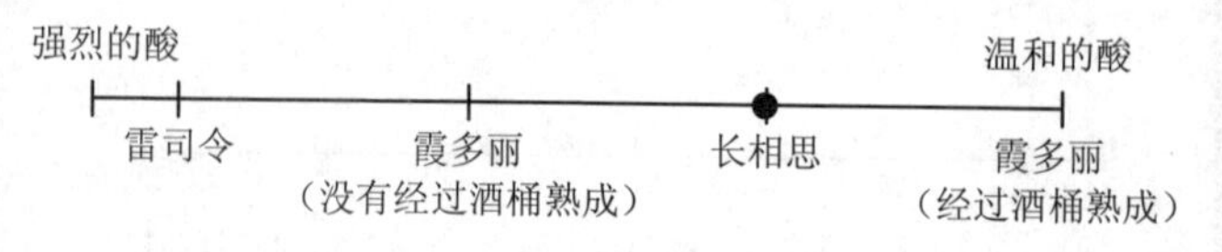

长相思宛如一个穿着短裤的少女，在草原上一边放羊一边自由地奔跑，而奔跑的草原便是新西兰。

长相思有一种纯纯的青涩味道。独特的清爽酸味是它的特点，由于这个品种大多没有经过熟成，所以颜色看上去总有一种绿绿的感觉。几乎还有“草的味道”，因此也可以看作是香草系，这样在搭配食材时就会显得很容易，无论是什么样的菜，它都能有很大的发挥空间。搭配食材可以说是从蔬菜到主要的鱼类全覆盖，总之是“守卫范围”很广的一种白葡萄酒。喝起来口感特别清爽，因此也是夏日的饮用佳品。另外，再提醒大家一下，长相思在白葡萄酒中是非常少见的一种味道不会有很大差异的品种，因此不要犹豫，放心去选择就好。

无论是颜色还是味道，都有一种特别的“草原味道”，在草原上自由快乐成长的少女

8. 需要记住的白葡萄酒的“第二系列”葡萄

下面向大家介绍两种“第二系列”白葡萄酒。或许这两个品种在葡萄酒列表中并不常见，但是都属于那种有着较为鲜明的特点，并且只要一喝就会觉得很不错的葡萄酒。

密斯卡岱

密斯卡岱就像是一位笑声爽朗的运动部经理。来到酒馆，一般人们都会习惯于“先来杯啤酒”，但如果不喝啤酒，那么这款葡萄酒肯定是首选。

密斯卡岱（MUSCADET）和麝香葡萄（MUSCUT）不仅是拉丁名字的发音比较相似，而且颜色也很接近，都是绿色的葡萄。或许是因为除了清爽以外没有什么其他特点，因此只要把甜度控制好就可以像喝水一样大口畅饮。“今天好热啊！这身上的汗都出透了，不喝啤酒了，来杯密斯卡岱吧！”越来越多的人用这种方式点酒，一看就是行家。因此，密斯卡岱绝对是一款值得推荐的白葡萄酒。

琼瑶浆

琼瑶浆作为餐后的甜点葡萄酒可以说是再合适不

过了。

我想从日文发音的角度讲，应该没有比琼瑶浆还难的了。不过这种酒也的确独具特色，有一种荔枝般的香味，使人们像杨贵妃一样，只要喝一次就会终生难忘，这么说一点都不夸张。琼瑶浆很甜，但凡女性朋友喝了以后，肯定会赞赏有加，绝对会说好喝（这一点可是作者在充分调查研究后总结出来的）！

男人们也一定要牢记，琼瑶浆可是很受女人欢迎的一款好酒。只要在菜单上发现了这款酒，一定要在餐后立刻推荐给同桌的美女。但话说回来，还是要尊重他人意见，也不要过于勉强。

在德语中，琼瑶浆有时被称为“特拉迷尼”。

9. 当你回答“怎样吃醋腌青花鱼”时，瞬间就可以了解你喜欢什么样的白葡萄酒

根据前面列出的《瞬间找到喜好口味图表（红葡萄酒篇）》，我们还做了一张《瞬间找到喜好口味图表（白葡萄酒篇）》。

为了能让大家了解自己喜欢什么口味的白葡萄酒，我把“醋腌青花鱼”变成了万能的石蕊试纸。没错，就

是在居酒屋中拿烤炉烤出来的那种醋腌青花鱼。

先试着回答下图中的问题吧。

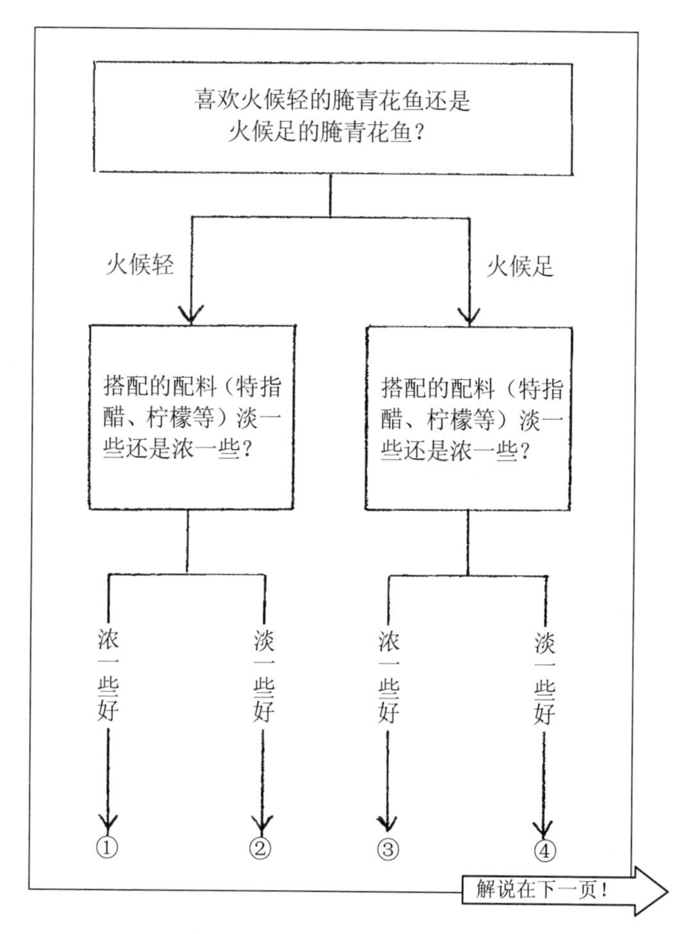

只有这张图就可以了吗？当然不是。下面进行详解。

第一个问题："喜欢火候轻的腌青花鱼还是火候足的腌青花鱼？"

通过这个问题，我们可以了解到你是否喜欢桶香，这种味道对于不同的白葡萄酒而言会有很大差别。事实上，产生桶香的原因是装入葡萄酒的酒桶具有一定的弧度，导致酒从内侧对木材有一定的灼烤。因此，从某种程度上讲，溶于葡萄酒中的桶香和烤青花鱼时产生的香味是非常相似的。

第二个问题："搭配的配料（特指醋、柠檬等）淡一些还是浓一些？"

这个问题简单来说就是对醋和柠檬的味道是否喜欢，用于明确对酸味的接受程度。

把以上两个问题的结果总结一下，即可得到下文中的结论。

瞬间找到喜好口味图表（白葡萄酒篇）

条件类型	举例	解释
火候轻+配料浓	口感较烈的长相思或密斯卡岱	适合喜欢强烈酸味的人
火候轻+配料淡	没有使用过酒桶的长相思	对桶香比较敏感的人。因为产自新西兰的长相思几乎没有酒桶熟成过

续表

条件类型	举例	解释
火候足+配料浓	红葡萄酒	满足这两个条件的只有红葡萄酒
火候足+配料淡	用酒桶熟成过的霞多丽	推荐由加利福尼亚等“新世界”酿造的、高性价比的霞多丽

10. 瞬间将自己的喜好告诉店员之魔法密语集

到目前为止，由于我们已经知道品种对葡萄酒味道起决定性作用，所以只要能从一些基本的品种中找到自己“喜欢的葡萄”，就能找到好喝的葡萄酒。

但是，根据不同的制作工艺，生产的葡萄酒也会有不同的特点。但也有像黑皮诺这种酸性很弱的品种，无论怎么加工也不会有太大的个性。

因此，本人尝试总结了形容不同葡萄品种的词汇。比如形容西拉就是“辣口”，长相思就是“新鲜”等。

也就是说，你只需要依照下表列出的这些特点词汇选择葡萄酒，就能选择出具有相应特点的代表性葡萄酒。

品种		经常使用的特点词汇
红葡萄酒	赤霞珠	浓厚、全面、圆润（饱满）
	黑皮诺	华丽、如草莓一般、极品
	西拉	厚重、辣口、诱人、有劲
	梅洛	丝滑、温和、耐人寻味
	佳美娜	丝滑、温和、耐人寻味
	丹魄	辣口、开朗、迷人
	马尔贝克	果实味丰富、多汁、色重
白葡萄酒	霞多丽（经过酒桶熟成）	酒桶熟成、柔和、厚重、温和
	霞多丽（未经酒樽熟成）	万能搭配、清爽至极
	雷司令	清爽、易饮、独树一帜
	长相思	新鲜、碧绿、清爽
	琼瑶浆	如荔枝一般、甜美、有热带水果一般的味道

接下来要做的就是从这个表格中选择一些词汇与店员进行沟通。比如“我喜欢和西拉一样比较辣口的酒”“请给我来一杯赤霞珠般浓厚的酒”“我比较钟情于长相思所具有的新鲜的感觉”……如果能够向店员说出这种专业的要求，必定能与店员引起共鸣，进行愉快的沟通。

注意：

- 高肩酒瓶的酒既重又涩，斜肩酒瓶的酒则又轻又酸。
- 对于刚开始喝酒的人，赤霞珠和黑皮诺是很容易选走眼的酒。
- 说到白葡萄酒，特别是霞多丽和雷司令，即使是同一品种味道也可能有很大差别。

那些似曾相识的葡萄酒界配角

下面让我们暂时放下有关品种的话题，简要介绍在商店里经常看到的其他葡萄酒。

1. 桃红葡萄酒是否可以“制造气氛”

想必你一定听过薛之谦的《演员》，但你知道这首歌被翻译成了日文版了吗？翻译成日文版的歌名就是《桃红酒》！翻唱这首歌的女生似乎在用可怜的眼神告诉你：“这种桃红葡萄酒可是女生的专属”“红白的混合就是针对刚开始喝酒的人”。我劝你千万不要被这可怜的眼神误导了，事实上，桃红葡萄酒乃品酒行家的专属。

简单来说，桃红葡萄酒的品种从起泡到口烈、口甜乃至餐后甜点，可谓多种多样，恐怕一口气都列举不完。甚至很少有侍酒师能够对所有的桃红葡萄酒都了如指掌，事实上好的桃红葡萄酒的价格非常昂贵，与“菜鸟专属”这一大众印象形成了鲜明的反差。在酒桌上我们很少点桃红葡萄酒，这种酒的流通量也确实不是很大。

坦白来说，能用“真正好喝”来形容的桃红葡萄酒不是很多。喝葡萄酒的时间并不是很长的人喜欢点桃红葡萄酒，或许是因为它那粉红的颜色可以烘托气氛吧。

讲个很有趣的段子。加利福尼亚大学曾经进行过这样一个实验：让受验者去喝糖分含量完全相同的白葡萄酒和桃红葡萄酒，或许是受到了桃红葡萄酒那粉红颜色的影响，受验者几乎都作出了桃红葡萄酒更甜的判断。这个实验似乎在告诉我们：如果你一旦被看到的东西所带来的印象先入为主的话，味觉似乎也会产生偏差。

2. 有机葡萄酒是否好喝

最近十年开始流行非常博人眼球的有机葡萄酒，就连有机葡萄酒的各种专卖直营店也越来越多。

有机葡萄酒大多被称为“自然派葡萄酒”（或者“纯

天然葡萄酒”)。具体来说，有机葡萄酒就是葡萄不经过任何农药栽培，在酒的酿造过程中也不添加任何不良成分，尽可能地在纯天然条件下生产出来的葡萄酒。

相同的有机葡萄酒也是分很多等级的，通俗来讲，就是“如果没有好的制造工艺，就不会有好的有机葡萄酒”。因制作工艺不同，不同的有机葡萄酒在味觉上体现出来的差异是非常大的。

这样说来，能够潜心制造有机葡萄酒的人可以说都不是一般人，能够制造出最高级有机葡萄酒的人甚至可以说有一些“变态”(当然，这里的“变态”是褒义词)。依据月亮的圆缺来决定葡萄收获的时间，用牛角、牛肠中的粪便、蒲公英等多种材料制成的肥料为葡萄树施肥，在我们看来有些惊讶的栽培技术真的可以说是被广泛应用其中。为什么总有一种黑暗魔法的感觉呢？

我想如果不是因为有这些“走火入魔”的人存在，有机栽培这样的麻烦事又怎么可能有人去做呢？

但是，有一个问题是不能回避的——有机葡萄酒真的好喝吗？

我觉得这个问题因人而异。总之一句话：“对于个性十足又味道很重的葡萄酒，喜欢就是喜欢，不喜欢就是不喜欢。”这有什么好纠结的呢？

由于几乎每一瓶有机葡萄酒的个性都不相同，所以对有机葡萄酒是否好喝的争论也异常激烈，但有一点可以说达成了共识，那就是“只要是有机葡萄酒都很难让人拒绝”。当然，这种有机葡萄酒的制造工艺真的也是有好有坏，为了赶时髦而只是花空心思获得有机认证的也大有人在，而为真正的葡萄栽培和酿造献出毕生精力的人才是值得尊敬的。因此，我们更加提倡先找到“喜欢的制作工艺”，再挑选喜欢的有机葡萄酒，如果按照这个顺序做的话，就应该不会有什么问题了。

对于有机葡萄酒而言，能够找到一家既陈列着用精湛技艺酿造的葡萄酒，又值得信赖的酒屋是非常重要的一件事。以那些各种所谓时尚噱头为生的专营店，我们一定要避而远之。

我们可以以此为试金石，看看店员能不能围绕店中陈列的有机葡萄酒讲一些耐人寻味的小故事。我们可以试着这样问店员：“我对有机葡萄酒还是很感兴趣的，有没有值得推荐的牌子呢？”如果他的回答很耐心，就说明这是一家既真正喜欢有机葡萄酒又十分讲究的好店。而如果不是这样的话，建议你去看看下一家店如何。其实能在有机葡萄酒以外找到一款好喝的葡萄酒也是不错的。

3. 不能点桑格利亚的理由

在酿造葡萄酒的过程中加一些水果，即可得到桑格利亚。尽管听起来有一些奇葩，但它的确非常好喝。想必对于那些喝过桑格利亚的人来说，有这种感觉的恐怕不在少数。

大家或许也隐约有这种感觉，提供桑格利亚的饭店一般来说都不会太高端，并且很容易遇到因开瓶有一段时间而不能用玻璃瓶提供桑格利亚的问题。试着喝一口下去，就会觉得“怎么是这样的东西”。总之，有一万个吐槽的理由。

以上的评价虽然听起来有点（一点点，就一点点）难伺候的感觉，但如果换作是我，真的有信心能做得比他好喝！而事实上还真不是我有多厉害，只是因为之前积攒了一些做调酒师的经验而已。说到桑格利亚，与其说是葡萄酒，还不如说是一种鸡尾酒。

不过话说回来，我也没什么可骄傲的……类似于往酒中加水果、将酒混合调制这种工作，仔细想想也不应该是侍酒师的工作，这不都应该是调酒师的工作吗？

而我所担心的是，对酒不太了解的人总是喜欢点一些酒精度数低的桑格利亚，这样即使是比较不错的桑格利亚也会给人一种不太好喝的感觉，最后的结局不就是被人嫌弃吗？想到这些也就只能劝劝自己，这不幸的事不是每天在日本各个角落都会发生吗？桑格利亚被误会又能算什么呢？想到这些，心里也就有些释然了。

说来说去，这么痛苦纠结的选择我也不想再提了。

最后的结论就是，桑格利亚这种酒还是从你的备选项中去除吧。

注意：

- 桃红葡萄酒确实是一种“很看重气氛的酒”。
- 对于有机葡萄酒而言，能找到好的制作工艺是最重要的。
- 你还是别点桑格利亚了。

美味葡萄酒的“挑选方法”

让你似懂非懂的葡萄酒专业用语和令你钟情的女性……总之说了很多，但无论说了什么，记住一点就可以了：一定要紧紧抓住“品种”这个关键词。前面为你介绍的这些内容，即使你只是在脑海中有个大概的印象，我想也是足够了，这些模糊知识足以保证你能与店员愉快地交流。所以，你真没有什么可怕的。

来吧，让我们大大方方地走进各类葡萄酒餐馆商店吧。

1. 提出“先来杯啤酒”是否失礼

对于在酒吧和餐馆都有过从业经历的我来说，在被问到的问题中，有一个问题被问得比较多：“这第一杯酒，应该喝什么好呢？”紧接着还会被追问到：“在高端大气上档次的店里，先来杯啤酒真的很失礼吗？会不会被人看作是昭和时代的土老帽而被笑话？”

我的回答是：“不！选择自己喜欢喝的酒，这不才是品酒的乐趣所在吗？这也是喝酒的初心啊！”

现如今对于“把酒言欢”的意义所在确实有很多不同理解。其中之一就是第一杯酒要挑战一下起泡葡萄酒，这其实也不无道理。当然，这也并不是一条硬性要求，但我觉得这种说法还是很有水平的，能刻意地去追求一下时尚又有什么不好呢？

作为刚开始喝酒的人，从其口中能列举出来的错误说法确实很多。比如，他们会错误地认为“起泡葡萄酒等于香槟”。事实上，香槟应该属于起泡葡萄酒的一种，特指在法国香槟地区出产的起泡葡萄酒。简单来说，就是“地位很高”的起泡葡萄酒。所以，当你随口说句“请来杯香槟”的时候，有可能给您上来的是 3000 日元一杯的上等葡萄酒。

我在上大学谈恋爱的时候就犯过类似的错误。当时和女朋友约会还是很紧张的，随口就来了句“请来杯香槟”，结果就可想而知了。所以说，在点酒的时候，一定要确认“到底是起泡葡萄酒还是香槟”，这样才不会在结账时发生“惨剧”。

啤酒和起泡葡萄酒，其实选择哪一种都没有关系，这第一杯酒只要是碳酸饮品就值得推荐，因为它有刺激食欲的功效。因为是餐前酒，所以也不用去管是否与餐食搭配。而如果同行的人不喝酒，也不用总是点乌龙茶和水之类的，点一些巴黎水（Perrier）这样的碳酸矿泉水也是很不错的。

顺便提醒大家，第一道菜上来后这第一杯起泡葡萄酒就不要再喝了。因为它毕竟是餐前酒，总不能一直喝个没完没了吧。在一些很讲究的餐馆，都会尽可能地在顾客喝完第一杯酒后再开始上菜。当然，如果你总也喝不完，那也只好先上菜了。

2. 行家为何会从“招牌酒”中先挑选一杯

一些店家的玻璃杯葡萄酒的价格往往会更便宜，而这些酒恰恰是招牌酒（有的在菜单中会标明招牌酒推荐，而有的则不写在菜单中）。一般这种玻璃杯酒的价格在 500 日元左右。

大多数人会认为这类招牌酒不太好喝，基本上都是那些不懂酒的人才会点。这么想就大错特错了！说严重点，招牌酒就好似这家店的名片一样。如果待酒师要去酒吧等同业者的店面，一进屋必点的就是招牌酒。就好比去寿司店，要知道这家味道好不好，先点个煎鸡蛋就知道了，这其实是一个道理。

因此，“真正好的店家，招牌酒肯定是最讲究的”，这话说得一点都不为过。如果一家店松、竹、梅[①]都有，而我们往往会选择“竹”，这样不知不觉就把招牌酒放弃了。而事实上，真正能体现这家店实力的，恰恰是最便宜的“梅”。

还要注意的一点是，招牌酒最适合作为第一杯酒来喝。为何这样说呢？因为它往往并没有什么很突出的特点，只是平衡拿捏得比较好而已，所以选择起来比较容易，也可以说是为下一杯更好的葡萄酒起一个抛砖引玉的作用。所以说，什么都不用想，先来杯招牌酒就对了。以这杯招牌酒为基础，你可以再提些具体的要求，比如“再来杯比这个酸味更强的”“再来杯单宁更多的”等，这样就可以将自己想喝的味道以及嗜好很自然地告知店员了。

---

① 松、竹、梅一般代表等级，比如日本料理中，松等级最高，代表价格最高的、最好的；梅等级最低，代表价格低的。

然而，想要像在超市挑选陈列的纸盒葡萄酒一样来选招牌酒恐怕就比较困难了，因为能满足你这个要求的“奇葩”酒屋想必几乎没有。所以如果你真的认为这家店的招牌酒难喝，我劝你干脆就趁早换一家店吧。

3. “请您推荐一下”是像地雷一样的禁忌语

即使很清楚自己喜欢什么样的品种，但如果总是喝的话想必也会有点厌烦。因此总期待从店员那里得到一些新的推荐，这也是喝葡萄酒的乐趣所在。

话虽如此，但如果真的向店员提问之后，并没有得到满意的答案时又该如何是好呢？这种尴尬的感觉想必也是不言而喻的吧。为了打消大家这种不安的感觉，我站在每天都要面对顾客的侍酒师的角度来传授一些巧妙沟通的小窍门。

首先，如果不是经常光顾的熟客，最好不要说出类似“请给我推荐一下吧”这样的话，即使是非常懂酒的人，如果对对方的喜好一点都不知道，是很难以一个准确的标准去选酒的。

什么酒都想尝试一下，但又不知道点哪种比较好……每当有这种困惑的时候，可以试着问一句：“和今天的菜搭配，有什么推荐的酒吗？”这样的问题才是困惑正解。其实葡萄酒会与搭配的食材产生“化学反应”，因此食物味道也会有所变化。所以请对菜单上各种料理的味道都非常了解的店员来推荐葡萄酒肯定是最保险的。每上一道菜，相应的葡萄酒或许都会有所改变，这样的话估计就能毫无厌烦感了，可以愉快地一直喝下去。

还有一点要注意的是，在想喝红葡萄酒的时候，点酒时注重“轻”还是“重”；想喝白葡萄酒的时候，注重“甜口”还是“烈口”。如果能够很明确指出类似这样有方向性的词汇的话，在选酒时就应该不会出太大偏差了。

4. 最好在选酒时将你的预算告知店员

“想来瓶什么样的酒就点什么吧”，有这种想法确实挺好，但还是要仔细看看酒单，大家是不是都有过这样的体会呢？

我想在酒单中你最在意的应该还是价格吧。虽说比起口袋里的钱包，喝到美味的葡萄酒才是最重要的。但是对于那些有类似“不管味道，只在乎价格又不懂酒的小气鬼来说该如何是好呢”“要是选了最便宜的葡萄酒岂不是很难为情”这样想法的人来说，让他说出预算肯定是比较困难的。

这种心情我是可以理解的。就好比我去高级时装店，总是盯着价签看来看去。

但话说回来，也没有必要过于纠结这个问题。其实作为店员，应该可以根据不同顾客的预算作出相应的推荐。无论是最廉价的葡萄酒还是3万日元一瓶的葡萄酒，为顾客作出好的推荐就是店员的责任。因此，待酒师也好，普通店员也罢，每当听到顾客说出一个价格上限的时候，他们从内心来讲都是非常欢迎的，这样他们就无须纠结于“给你的推荐是否太贵”这个问题了，反而能够静下心来好好地为你推荐好酒了。

如果你手头有酒单和菜单的话，可以先找到一个可以承受的价格范围，然后指着这个价格范围问店员：“有没有类似这样的、酸性不太强的葡萄酒？”这样不失为一种明智之举。

如果有可能的话，可以在一开始把类似“今天我想喝3杯左右的葡萄酒”“有4个人，差不多来3瓶葡萄酒”这样的想法告知对方，服务员就可以结合食材为你搭配葡萄酒了。如果比较了解自己的酒量，也一定要告诉店员打算喝几杯，不管最后喝多喝少都没有关系。

注意：

- 第一杯从碳酸饮品开始，并且最好在正式上菜之前喝完。
- 只有招牌酒才能彰显一家店的实力。
- 如果不知道点什么好，可以直接问店员："和今天的食材搭配，来点什么酒好呢？"

葡萄酒和食材的搭配实际上出乎意料地简单

如果已经能依据自己喜欢的品种来点酒，或许困扰你的下一个问题就是在吃饭的时候怎样结合菜单去选择葡萄酒。如果能够搭配着食材进行选酒，显然又上了一个台阶。

首先要说清一个误解，那就是"婚礼"这个词。现实意义的"婚礼"不用多说，这里所说的"婚礼"并不是指两个人的结合，而是"食物和饮品的完美结合，特别是酒和食物的结合"。这个词似乎在近几年已经得到了大家的广泛认可。

事实上这个词是指"把看上去可以搭配的葡萄酒和

食材一起享用的话，味道会变得更好”，这才是它的本意。举个极端点的例子，就好比一眼看上去毫不相干的两个人硬是被搓合在一起，反而很甜蜜，日子过得很好。也就是说本来是两个人，结合在一起即“结婚”。

以“结婚”为目标进行搭配确实需要很高的水平，即便是对于我们这些专业人士来说也是非常困难的。如今有一份十分可怕的数据，那就是三对夫妻当中恐怕有一对会离婚，所以还是先以普通的“调和”为目标显得更切合实际一些。下面介绍以“调和”为目标的葡萄酒与食材的搭配。

1. 前菜、鱼、肉的简单搭配

一般来讲，无论是单点菜还是点套餐，都会按照味道从淡到重的顺序来享用。但在吃过厚重的红酒炖牛肉之后，是不是会有种想点些鲈鱼生鱼片这类清淡食物的想法呢？这种从浓重味道回到清淡味道的过程，对于酒来说也是一样的。如果形成了从轻到重的意识，那么在饮食上也必然能够做到食物与酒的匹配。

前菜

在一开始应该还是清淡一些。对沙拉、白汁红肉这一类前菜来说，长相思应该是它们最可靠的伴侣。在前面用女性来表现葡萄品种的部分，我也曾将长相思的背景描绘为草原，有着各种香草的芳香。由此可见，这种味道与在各种蔬菜、白汁鱼肉中使用的香草、刺山柑的香味配合在一起简直是绝配。

如果想来些咸咸的生火腿，建议将其放在前菜的后半部分，并且尝试搭配红葡萄酒一起享用。

鱼

当食物主要是鱼（类似意式水烤鱼、法式龙利鱼、黄油烤鱼等）的时候，最推荐搭配的酒还是万能的长想思。虽然认为“吃鱼应该配白葡萄酒”的人很多，但实际上像金枪鱼这类红身鱼，还是比较适合搭配轻红葡萄酒。白身鱼配长相思，红身鱼配轻红葡萄酒，这种结合颜色来搭配的方法一定要牢记。

而如果吃一些比较容易产生腥味的鱼，则推荐搭配如甲州、贝利麝香这种日本产的葡萄酒。铁是比较容易让人感受到腥的成分，而日本葡萄酒相对于其他国家的葡萄酒，含铁的成分会比较少，所以能够起到抑制鱼腥味的效果。

肉

其实，肉食才是一顿饭的主角，也是最高潮的部分。虽说烹饪方法和沙司的调理对食材会起很大作用，但如果本着越简单越好的原则，还是需要一定搭配的。

如果吃牛肉，一定要选择波尔多系的红葡萄酒。

搭配猪肉的话，则建议选择勃艮第系的轻红葡萄酒。

搭配鹿、野猪、兔子等野生动物肉食的话，还是选择不逊色于肉味的西拉比较好。

搭配鸡肉（包括鸭肉）的话，建议选择勃艮第系的轻红葡萄酒，特别是产自加利福尼亚的甘甜黑皮诺。

如果把鸡作为食材简单烤一下的话，搭配使用酒桶熟成过的霞多丽比较好。以奶油酱为主的饭菜，也建议搭配比较醇厚的霞多丽。

由此可见，以鸡作为原材料时使用沙司的范围还是比较广的，因此可以依据食材来按照自己的喜好搭配各种沙司。

如果想像行家一样点酒，可以提一些类似这样的要求，“请上一些适合前菜的红葡萄酒”“请来一些适合肉食的白葡萄酒”等。“请给我搭配一些轻红葡萄酒和重白葡萄酒吧”，如果听到这么专业的点酒要求，作为待酒师肯定会一下子燃起热情，想必一定会仔细看清各种食材和沙司，尽自己的最大努力去呈现最绝妙的平衡。

当然，提出这些要求的前提必须是这家店有这种愿意为顾客需求而竭尽全力的店员。而如果没有这个前提条件，或许也只能发生“成田离婚[①]”那样的悲剧了。

2. 当地的食物一定要搭配当地的葡萄酒

说到葡萄酒，一开始是指使用当地摘下来的葡萄而酿成的“当地酒”。就像日本清酒和烧酒一样，都是当地人为了在吃饭时增加一些气氛和情趣而酿造出来的。因此，这些酒的口味都特别适合当地的料理。

所以，如果要去意大利的话，就一定要选意大利葡萄酒；如果要去法国的话，就一定要尝尝法国葡萄酒；如果要去西班牙的话，就一定要喝西班牙葡萄酒，这几乎是铁一般的定律。

特别是西班牙菜，如果不喝西班牙葡萄酒肯定不会尽兴。要搭配炖牛肚、蒜蓉明虾这些大名鼎鼎的西班牙菜，相对于西班牙葡萄酒而言，即使是法国的上品葡萄

---

① 成田离婚，是日本的一种社会现象，指恋人蜜月旅行时吵得不可开交，一回到成田机场就去办离婚手续。

酒也会甘拜下风。很显然，香味多汁的丹魄必定是首选，这类充满热情的西班牙葡萄酒才是西班牙菜的最佳拍档。反过来说，如果是法式大餐配上爽快的西班牙葡萄酒反而就浪费了。

再举个例子，即使是相同的生火腿，如果赋予了葡萄酒制造国的理念，专业度也会立刻上升。如果是西班牙产的生火腿就配丹魄，而如果是意大利产火腿就配意大利的蓝布鲁斯科（微发泡的红葡萄酒），这才叫一一对应。当然，这也是入乡随俗哦。

注意：

- 料理也好，酒也好，基本的流程都是“由轻到重”。
- 长相思可是从前菜到鱼肉的“万能搭配”。
- 牛肉配重波尔多，猪肉、鸡肉配黑皮诺这类的轻红葡萄酒。

连店员都会佩服！
喝玻璃杯葡萄酒的“最强顺序模板”

在这里想给大家介绍一个喝玻璃杯葡萄酒的“最强顺序模板”。在“白”“红”“白红混合”当中，以喝 5 杯为例试着总结一下（事实上 3 杯已经足够，所以只记住画★标记的就可以了）。推荐给大家的原因不仅是酒很美味，即便是配上饭菜一起搭配也没问题。

如果按照这个顺序点酒，肯定连店员都会说：“看，这确实是个行家！”同时，也一定会很佩服你的。这个顺序也是按照“由轻到重”的原则，如果你忠实遵循的话肯定会有“啊！感觉到口变重了”的感觉，同时，也更容易体会到与饭菜相融带来的真实感觉。

● 只喝 5 杯红葡萄酒的

第 1 杯……佳美

可以咕嘟咕嘟喝下去的佳美！多汁又轻的感觉。

★第 2 杯……黑皮诺

在喝纤细的黑皮诺的前半程请细细品味。

★第 3 杯……西拉

产自澳大利亚的西拉最多汁。

第 4 杯……梅洛

一般是梅洛和赤霞珠的混合。

按比率来决定第 4、第 5 杯的顺序才是最明智的选择。

★第 5 杯……赤霞珠

如果是在信不过的店里，点杯西拉也无妨。

● 只喝5杯白葡萄酒的

第1杯……起泡葡萄酒

最理想的当然是香槟！不过这要取决于你的预算。

★第2杯……密斯卡岱

大口畅饮！代替你的“第一杯啤酒”。

★第3杯……长相思

从前菜到主要的鱼类料理都可以搭配，是搭配范围很广的优等生。

★第4杯……用酒桶熟成过的霞多丽

厚重的霞多丽与奶油酱是很好的搭配组合。

第5杯……琼瑶浆

由于是很难与餐食搭配的品种，因此可以当作餐后甜点酒。

如果先喝白葡萄酒再喝红葡萄酒，可以把到目前为止介绍的葡萄酒重新组合一下，按照“（起泡→）轻白→重白→轻红→重红”的顺序喝的话，对于舌尖绝对是一种享受，而且也更容易搭配饭菜。

● 白→红（共5杯）

★第1杯……起泡葡萄酒

★第2杯……长相思（轻白）

第3杯……用酒桶熟成过的霞多丽（重白）

★第4杯……黑皮诺（轻红）

第5杯……赤霞珠（重红）

与季节的绝妙搭配！“春夏秋冬的顺序模板”

感觉我是越说越尽兴，那接下来就为你介绍一下更专业的“春夏秋冬的顺序模板”。

正所谓：“春光明媚暖人心，夏日蝉鸣心勿躁，秋风瑟瑟食材补，冬日恋人长相依。”

一边感知季节一边饮酒，也是别有一番情趣。

春

第 1 杯……让人联想到樱花的桃红起泡葡萄酒

桃红起泡葡萄酒很难让人说它不好喝，这一点不用多想，从看上去的感觉就知道了！

第 2 杯……爽口的长相思

可以搭配菜花等苦味山菜。

第 3 杯……不一样的感觉、带来口中刺激感的雷司令

不用说，就是特别酸的类型！

第 4 杯……口烈的桃红葡萄酒与鸡肉料理

与肉类当中比较轻的鸡肉搭配应该是最合适不过了。

第 5 杯……适合春天，阳气十足的丹魄

一定要沐浴着春风在大自然中享用哦！

夏

第 1 杯……可以润喉的冰镇密斯卡岱

从白天到黑夜！代替啤酒的密斯卡岱。

第 2 杯……长相思

适合配合夏季蔬菜的蘸酱菜一起享用。

第 3 杯……冰镇的阿尔巴利诺

这款酒第一次提到，经常搭配出现在西班牙菜中。

经常搭配鲍鱼、海螺、海鲜饭饮用。

第 4 杯……冰镇桃红葡萄

适合午后慵懒的阳光下，在露台慢慢享用！

第 5 杯……把轻黑皮诺稍稍冰一下

请记住，只是稍稍冰一下黑皮诺就可以。

秋

第 1 杯……没错！必须是卡瓦

在微凉的秋天饮用，有种熟悉的吐司般的香味。

第 2 杯……适合搭配鲑、秋刀鱼、牡蛎等食物的纯米酒

将从第 2 章开始详细介绍。简直是与鱼类搭配无敌的日本清酒！

第 3 杯……博若莱、佳美

非常适合与饱含脂肪的鲣鱼和鰤鱼等鱼类搭配。

第 4 杯……果实味丰富的马尔贝克

收获的季节，就应该来杯果实味丰富的马尔贝克。

第 5 杯……浓厚的秋味尽在赤霞珠

适合与从晚秋开始出现的各种野味等肉食搭配。

冬

第 1 杯……让我们恋爱吧！从一杯香槟开始

圣诞快乐！特别的日子！特别的香槟！特别的你！

第 2 杯……吃冬季海味，喝甲州葡萄酒

要说尽量消解那些生腥味，还得搭配日本产葡萄酒。

第 3 杯……浓厚酱汁白身鱼配酒桶熟成过的霞多丽

浓厚的酱汁配奶油感十足的霞多丽。

第 4 杯……沉着厚重的梅洛

还是梅洛最适合衬托恋人的海誓山盟吧？

第 5 杯……野味的最佳搭配——西拉

要中和那些野味的杂味，还是有些辣口的西拉最合适。

美味店家的“鉴别法”

刚才给你介绍的“最强搭配模板”还可以吧？我可是有点江郎才尽的感觉了。

按照模板介绍的流程一杯一杯喝下去也好，仅仅喝一杯也罢，我们的目的其实都是喝到好喝的葡萄酒而已。因此，我们很有必要找到一些能给我们提供好酒的酒馆，一定要去逛一逛哦！

走遍了饮食店的我总结出一套“找到好喝店面的鉴别方法”，接下来就给你介绍介绍。

1. 说到玻璃杯葡萄酒，如果是红白每种都有 3～5 杯的话，基本上就没什么问题

说得直白些，如果这家店里的玻璃杯葡萄酒“红白都各自只有一种”，那肯定是不推荐去的。而如果红白各有 3～5 种的话，即使是两个人喝恐怕在一个星期之内也不能全部都尝过来，这样的店毋庸置疑就是值得去喝葡萄酒的好店。因此，请用电话或者是网络提前确认一下这家店的玻璃杯葡萄酒种类。

然而，为何玻璃杯葡萄酒的种类成为了一个评价指标呢？

首先，从店家的角度来说，会避免一瓶葡萄酒开瓶以后就没人再点的浪费情况出现，因此，都会在玻璃杯葡萄酒的品牌上绞尽脑汁。

尽管如此，大多数店家还是尽可能地提供多种玻璃杯葡萄酒，为的就是展现他们能够让顾客体会到各种风情葡萄酒的态度。特别是如果能够在第一时间提供一杯玻璃杯起泡葡萄酒，这样做的话绝对会给店家大大加分。客人对起泡葡萄酒的啧啧称赞，以及源源不断的回头客便是最好的证明。那么这家店就可以称作人气店了，不是吗？

事实上，如果追求葡萄酒和食材的完美统一，相比于瓶装葡萄酒，玻璃杯葡萄酒绝对更值得推荐。本来是各种各样的食材，却要开一整瓶葡萄酒，并且只是搭配喝同样的一种酒，这显然有点浪费这一桌好菜了。

比起上面的情况，如果在约会的时候可以点上各种各样的葡萄酒，然后听到类似“就好这口！”“对！最喜欢这款了！”这样的评价，那么整个气氛绝对是既自然又融洽。同时，也可以享受到各种美味。

2. 应该回避的是那些“对于香味特别迟钝的店”

对于葡萄酒，关注的不应该只是其味道，它的香气也是需要细心感受的。这种香气不仅是指靠近玻璃杯用鼻子闻到的味道，还可以是喝过之后从鼻子呼出来的那种余味，以及能够感受到的葡萄酒的芳香余韵。这种感觉并不需要每次都有，事实上有过哪怕一次就好。可以尝试感受一下从鼻子呼出的那种香味以及葡萄酒的特别余韵。这种感觉即使再怎么想象，或许都不如一次真真切切的实际体会。

想体会这种感觉的时候，可千万别让邻桌大叔们的香烟扫了兴。葡萄酒自身的那种酒桶香味可能会被邻桌的香烟味影响，而导致体会不到这种感觉。所以最好事先确认一下，尽可能选择禁烟的店。

再有，如果是连水都不好喝的店，葡萄酒也不怎么样的可能性可是大大存在的。像连水这种最简单的饮品都不好喝的店肯定就直接 PASS 了，因为玻璃杯不干净也会让水的味道变得怪怪的。依此我们便可以推理，葡萄酒玻璃杯肯定也不会很干净，所以葡萄酒的味道也肯定……座位比较多的饮食店差不多都会使用餐具清洗机，这样一来盛葡萄酒的玻璃杯也肯定会与其他餐具一起进行清洗、干燥，从而导致玻璃杯或多或少沾上了其他餐具的味道。如此一来，便肯定感受不到葡萄酒的那种香味了。

如果是第一次到这家店，可以先找店家要杯水喝，如果感觉味道有问题便立马起身离开……如果觉得这样不太好，那也千万别在这家店点什么所谓的超高级“推荐葡萄酒”!

注意：

- 如果一家店的玻璃杯葡萄酒，红白每种都有 3～5 杯的话，基本上就没什么问题。
- 连水都不好喝的店，那葡萄酒肯定也不怎么样。

其实不用在意店员如何看，喝葡萄酒的礼仪很简单

在喝葡萄酒时，有那种似乎在被店员“品头论足”的感觉的人不在少数。如果被人感觉到是个喝酒菜鸟肯定会有些不舒服，要是再被冠上“土老帽”“哪配得起这家店”之类的“称号”可就更难过了……

当然，也没有那么夸张，店员绝不会以那种怪怪的眼神盯着你。但为了能享受品酒的快乐，你的举止行为要与酒吧气氛和谐统一确实也是很重要的一点。总之不要显得太做作，自然一些就可以了，一般成年人的正常行为举止想必大家也都很清楚了。

1. 怎样拿酒杯才算是正确

拿玻璃杯脚才是正确的姿势。如果想做到最优雅，下图这个姿势应该是最标准的了。有时我们会看到有些人用手夹着杯脚，五根手指包住杯壁，手心朝上这样举着杯，其实这是喝白兰地的举杯方式，目的是用手心增加杯子的温度，以此更能最大程度地体现出白兰地的香味。

但是，喝葡萄酒就不一样了。为了能够喝到美味葡萄酒只需提供一个合适且稳定的温度就可以了。如果像喝白兰地那样举杯，反而会导致温度过高，从而造成损伤口感的可能性。

当然，凡事没有绝对。有的时候也存在刚点的葡萄酒温度过低，会影响其口感，这种情况便可以尝试用手包住杯子，以此来提高温度。

还有一种人喜欢端着杯子不停旋转，这样的人你是不是也见过？在离心力的作用下总让人感觉酒要洒出来一样，着实让人担心。像这种不停摇杯的姿势我们叫它“回环”。

回环的目的是让还未开瓶的葡萄酒先强制性地接触

空气，使其味道尽早发生变化。事实上仅需来回转那么两三次，便足以让它的香味发生变化了。在这里，我要对那些喜欢转杯的大叔们说声抱歉了，因为转个两三次后无论再怎么转，确实也没什么意义了。反正每次把玻璃杯放在嘴边的时候，葡萄酒都会和空气融合在一起，所以再怎么转也是在做无用功啊。

让人更加感觉到意外的是有的人连“转动方向”都搞不清楚。由于每次转的时候都有离心力存在，所以千万别对着他人，对着自己就好了。也就是说，如果右手拿杯就逆时针转；如果左手拿杯就顺时针转，这才是正确的方法。

2. 究竟该如何尝酒

关于品酒，一般分为两种。一种是为了评价某种葡萄酒而组织业内专家进行的品酒，另外一种是在店里打开一瓶新葡萄酒时而进行的品酒。大家一般都属于后者，我们称之为“主人品尝”。

主人品尝的目的在于鉴别出葡萄酒是否出现了问题，说得更准确点，就是要检查一下有没有一种叫作“软木塞味”的发霉味道。因为这种味道非常特别，作为非专业人士很难分辨出来（即使是待酒师发现葡萄酒有一些“软木塞味”，往往也会不加任何处理就把酒端上来）。因此，“主人品尝”经常被看作是一种仪式。

主人品尝的起源就是“毒味”。这里还有一个小典故，相传古时候对于邀请到自己城中的人，特别是对于那些敌国的客人，主君都会自己先喝一口酒，以此来告知对方“酒中确实没有下毒”，从而表示自己的诚意，因此也就有了“主人品尝”。或许是因为有了以此为起源的一个简单仪式，所以在倒上酒之后轻轻地回环一次，然后一饮而尽，再说一句“这酒不错！”也就可以了。类似于“这酒果味真浓啊”这样奉承的话其实也没必要多说，反之，如果因为不喜欢而要求更换，那也是不太礼貌的。

不过凡事也不能绝对，万一真喝出了霉臭味，怀疑是“软木塞味”的时候，也很有必要问一句：“这个香味很特别，是什么啊？”

这种“主人品尝”的仪式，基本上都是点酒的人来做。待酒师把瓶子打开后，会找一个玻璃杯先倒出一点，这样做的目的就是方便进行“主人品尝”。所以，可千万不要问“怎么就倒出这么一点啊？”之类的话，以免尴尬。

但有时一经待酒师确认之后，会发现这种香味也许并不是那种“软木塞味”，这样一来为了不破坏喝酒愉悦的气氛，不进行所谓的“主人品尝”也是完全没有问题的。所以，如果店员认为都已经准备好了，并问您“需要主人品尝吗”，您只需要回答“不用了，没什么问题”就可以了。

以上的回答特别适合店员特意问一下“要不要做”，而客人又认为其实没什么必要做的时候。

还有一个步骤，也是对于成人来说特别喜欢的一种方式——滗析（俗称“醒一下”，也就是从瓶子里倒出来，放到一个更大的容器里，目的是要让酒和空气充分地接触），而且想要酒有什么样的温度都可以，这种做法会显得你对品酒很在行哦。

滗析的主要目的在于，由于刚开瓶的葡萄酒还比较轻，这样做就可以让其迅速熟成。刚开瓶的葡萄酒有一种类似硫磺和臭鸡蛋的怪怪味道（俗称“还原臭”），一接触空气的话这种臭味就可以迅速挥发。即使在后面会回环好多次，但由于刚开瓶的葡萄酒确实比较硬，所以很有必要在最一开始的时候拜托服务员把酒醒一下。

再提醒一下大家，对于经过长期熟成的波尔多系葡萄酒，醒酒还是很有必要的，而对于勃艮第系和没有经过熟成的早饮葡萄酒来说，就没什么用了，即使醒一下也不会有太明显的变化。

此外，葡萄酒的温度也是左右其香味的重要因素。这店家好不容易给我们提供了他们认为很适合的温度，而我们又提出对温度的要求，或许总感觉心里有点不落忍。而我想说的是，葡萄酒本来就属于“嗜好品”，自己怎么喜欢就怎么来。“我想要一杯更凉一点儿的，可以吗？”提出这样的要求完全是没有问题的。总之就是，如果是没有推荐给你，烦请你告之。

3. 干杯的时候就碰一下玻璃杯，这样做好吗

虽说在坊间都流传着这样一句话：“喝葡萄酒，干杯是不能碰玻璃杯的。”但实际上只要不把玻璃杯碰碎，碰杯也没什么问题。即使是待酒师之间的聚会，只要一说到“干杯”，他们也都喜欢碰一下杯。

在西班牙和意大利干杯的话，只要把酒倒入了杯子或玻璃杯，所要做的就是尽情享受激情与快乐。来吧，朋友！让我们尽情碰杯，何必在乎杯子中盛的是葡萄酒呢？又不是那种皇家宴会，也不是那种高级场所讲究规

矩，喝酒的乐子不就是做最真实的自己吗？

4. 怎样倒瓶装酒？又如何举杯才好呢

有些时候喝瓶装酒，是需要自己把酒倒入空玻璃杯中的。这个时候，不管对方是长辈还是上级，要尽可能地用一只手握住瓶子。但如果女性对自己的臂力没有足够信心的话，两只手也没问题。总之安全第一！

倒酒的时候为了防止从瓶口流出的葡萄酒弄脏商标，建议酒瓶保持水平且稍稍向上的角度。在待酒师的世界里，可以说酒瓶上贴的标签就是酒的“脸蛋”。

依据店的不同，白色抹布摆放的位置也不太相同。有的店会摆放在酒瓶旁边，而有的店会摆放在葡萄酒的冰酒器上。总之，倒完酒之后一定要用左手按住瓶口，以防液体流出。特别是喝红酒的时候，总能听到“是白色的，不要弄脏……”之类的话，但即使是待酒师也会把这块白布慢慢弄脏。不过也没有关系，加些漂白剂就可以将它洗得非常干净，所以你也不必太在意，弄脏了也不要怕。

相反，对于举着杯子的人来说，为了防止玻璃杯倒，可以用手轻轻握住杯子下部，这样就是比较正确的做法了。像倒啤酒那样举杯，或是把杯子斜过来，还有的人喜欢双手握杯，这些做法都是错误的。

注意：

- 回环的话只要转个两三次就足够了。
- 对于尝酒只要回答“好的，没问题”就可以了。
- 干杯的时候，碰下杯也没什么问题。

对于店家来说，他们“不会听到却又很想知道”的事会是什么呢

事实上，对于每一个店家来说，为了能够提供更好的服务，他们都会有一些“不会听到却又很想知道”的事。

这经常被人称作“使用用途”，因为里面蕴含着很大的学问。比如说是约会还是聚餐，因为会考虑座位是不是需要有不同安排，而且在餐中所关注的方向也会有很大改变。如果直言不讳地说就是“约会”，那店家肯定会全力支持，但直接说出“约会”这两个字毕竟是有点难为情，所以在这种时候建议委婉地说“我们是一男一女，最好来个吧台位置”就可以了。这样一来，只要不是太过愚钝的店员，就可以明白是约会了。

那为什么相比较于餐桌，吧台反而更好呢？答案就是，从心理学来讲，正面相对往往是吵架的最佳位置，所以吧台的位置显然更合适，两个人之间的距离也会更近一些，总之非常适合边聊边喝、把酒言欢。

举个很实际的例子，在一些取得三星评价的法国餐厅，座位的安排都会是一件非常重要的事情。一般来说，会把舍得花钱、精心打扮的人安排在中间，而对于那些新客，说得极端点，恐怕都会被安排在洗手间附近。

能做出这种安排的高级店，都会对礼仪有非常严格的要求，而且也会把客人分成三六九等。所以，本书对你来讲就很有用，一定要先看看本书提到的葡萄酒选择方法，再去那些餐馆用餐吧！

如何选到“不走眼”的好酒

不只是在外面吃饭的时候，想喝到美味的葡萄酒，家庭聚会、自饮自酌、邀请你的那个心爱的 Ta、与家人一起……各种场合，都想喝到最美味的好酒。

那么以上的这些情况，该怎样选择葡萄酒呢？如何搭配着合适的菜肴，去打造真正属于我们自己的“葡萄酒时光”呢？接下来就会给出答案，在本篇中，我会为你详细介绍如何在进口食品专营店、超市、便利店等大众场所，挑选到美味的葡萄酒。

1. 便宜的葡萄酒还是用杯子比较好喝

新世界的葡萄酒不仅便宜而且多汁，所以非常适合大家聚在家里一起热闹时饮用。像喝这样的“欢乐系”

葡萄酒的时候，拿起杯子一杯接一杯地畅饮也是完全没有问题的。与其这样，倒不如说，便宜的酒正因为是用杯子喝才会更有感觉、更好喝。

为何如此呢？如果用专用的葡萄酒杯来喝的话，自然能品味到酒的香醇，但往往也更容易发现酒的缺点。因此，在葡萄酒可能比水更便宜的法国、西班牙、意大利这样的国家都有“杯酒文化”。在这些国家，酒的缺点完全可以无视，只要尽情地畅饮就可以了。杯酒文化可绝对是一种享乐文化。

2. “软木塞的才是高级的”这种想法恐怕都是老黄历了

以“杯酒”为代表的葡萄酒，不知不觉地在新世界酒中广受欢迎，其中用手拧打开的螺丝帽葡萄酒更是渐渐成为了主流。

“软木塞的才是高级的”“软木塞的才好喝”等评价似乎已经都成为了老黄历。“现在可是螺丝帽葡萄酒的时代”“螺丝帽葡萄酒才是真正好喝的葡萄酒”这种评价不绝于耳。甚至酒厂也开始颠覆一些传统观念，出现了在最高级的葡萄酒中使用螺丝帽盖子的现象（不过，作为待酒师来讲，如果连拔软木塞这个环节都没有了，那工作起来岂不是更加无聊了）。

螺丝帽的优势在于开起来确实很容易。而软木塞干燥时就会收缩，这样一来空气就很容易进入到酒瓶中。因此，为了保证软木塞密封，就必须在尽可能潮湿的环境下保存。于是，开瓶器就显得很有必要，而如果是没喝完的话也有必要准备盖子（事实上也没有必要特意去买那种市面上销售的专用盖子，找个保鲜膜盖上，拿皮筋套几圈固定一下也是没有问题的）。

而对于螺丝帽来说，以上的问题便都不存在了。在冰箱中保存十分方便，用手开瓶也很容易，没喝完的话只需要再拧上就可以了。而且，也完全不必担心软木塞上带来的那种霉臭味。既方便又好开的螺丝帽为何如此受欢迎，想必你已经知道答案了吧。

3. 如果预算是 2000 日元，该如何在酒屋、进口食品专营店找到好酒呢

近年来，购买进口商品的渠道越来越多，与此同时，也自然增加了很多葡萄酒的新选择。但是，如何在众多

品牌当中找到自己心仪的葡萄酒却变得难上加难。你是否看到过类似这样的广告："本店最畅销排行榜""××奖获奖产品""专家评分是多少分（来自世界最著名的品酒家，100 分为满分的评价法）""曾在漫画《神之雫》中刊登"……这些广告还都会贴在一个本就狭小的空间上，真是让人眼花缭乱、无所适从。

不过话说回来，有关葡萄酒的评奖可真是数不胜数，评奖人的水平更是良莠不齐。即使是著名的评论家，也承认喜欢哪种葡萄酒都是因人而异的。所以，即使再好的酒，也并不一定适合自己的口味。

当然，如果以在"《神之雫》中刊登的葡萄酒"为噱头来烘托一下家庭聚会的气氛，肯定不会有什么问题，但如果是有什么得奖、某某评价之类的基本就可以排除了。特别是有关酿造方法的，如果不是特别专业的行家不会完全理解，所以直接无视就可以了。

最重要的还应该是葡萄酒的品种。再有就是，如果选择在家中喝的葡萄酒，请在如下这些地方多多关注一下：与什么样的朋友喝酒是否有上年纪的人等。总之一句话，去关注一下经常喝酒的人是多还是少，这样一来再选择在家中喝的葡萄酒就会更容易了。

接下来，推荐一些预算在 2000 日元以内的葡萄酒。

（1）起泡葡萄酒。

像酩悦（Moët & Chandon）、凯歌（Veuve Clicquot）这些有名的葡萄酒恐怕都会超过预算，但是如果写着卡瓦（Cava），1000 多日元就可找到些不错的酒了。

卡瓦（Cava）是西班牙语，这个词可以理解为“在瓶内进行二次发酵的起泡葡萄酒”。说简单点，就像碳酸充分溶解一样，这便是与香槟制作方法差不多的西班牙的起泡葡萄酒。如果要选择预算在 2000 日元以内的起泡葡萄酒，Cava 应该是很不错的选择。

接下来，介绍白葡萄酒和红葡萄酒。首先，请想象出瓶子的形状。斜肩的是那种涩味（丹宁）比较少、很柔和的葡萄酒；而高肩的则是可以充分感受丹宁味道的葡萄酒，而且那种瓶子细细高高的酒应该就是德国产的雷司令。而实际上在店里选择葡萄酒的时候，即便是只依照瓶子的形状来挑选，也可以选择到不错的葡萄酒。

（2）白葡萄酒。

在选择白葡萄酒的时候，如果是平时不太喝酒的人来选，就挑那种瓶子细细高高的就可以了——对！就是雷司令。这种酒没什么特别之处，而不喜欢的人也不多。如果是女性朋友很多的场合，就可以选一些写着“甜口”的酒。

而如果是与年长的人或者经常喝酒的人一起吃饭，建议可以将预算稍稍提高一些，选择一些 3000 日元以上的法国葡萄酒或许更好一些。之所以这样做，因为上了年纪的人都有一些固有观念，比如“智利葡萄酒肯定都是三流货色”等。如果保险起见，可以选择法国产的霞多丽，或者是在新世界酒中选择一些价位稍高的，比如 3000 日元左右的新世界的长相思，它们在味道上也不会有太大差别。

虽说如此，最近也有了些新变化，特别是在进口食品商店已经得到了众多买家的验证，那就是 1000 日元的酒也不是不好喝。所以，凡事没有绝对，没必要设立所谓的条条框框。

（3）红葡萄酒。

接下来，介绍红葡萄酒。如果有不经常喝酒的人在场，尽量选择斜肩瓶，像黑皮诺就是不错的选择。不经常喝酒的人大概都不太喜欢涩味，所以可以选择一些香味很浓、喝起来又很痛快的葡萄酒。性价比很高的加利福尼亚黑皮诺就很好。

如果是与经常喝酒的人相聚，则可以选择高肩瓶。如果预算比较多，则可以选法国产的黑葡萄酒，别名叫作卡奥尔（Cahors），这款酒真的可以一试。从它的颜色就可以想象到涩味的程度，可以说绝对是品酒达人的专属。

而如果很看重性价比的话，则可以放弃那些在餐馆喝酒时才选择的法国、意大利产的旧世界葡萄酒，来挑选一些新世界葡萄酒吧。如果运气好的话，说不定 3000 日元的预算能买两瓶呢。

虽然已经给大家介绍了很多，但肯定有人会有这样的想法：“毕竟是拿到人家家里，也要看上去拿得出手吧！”

事实上，依据标签的喜好来选择葡萄酒，或者说奔着某个牌子买，这样才容易出意外呢。

制造商们可是对标签做足了文章。时尚的设计可能会更吸引年轻人来选择，而经典的设计则很有可能是饱含复杂韵味的葡萄酒。从某种程度上讲，标签就是制造商与消费者之间的“逆指名”（逆指名制度是在选秀会举行之前，球队可与某球员接触，一旦双方取得加盟默契，球队逆指名指定要选某球员之后，其他球队不可再指名该球员）。

即便只是看一眼，选择葡萄酒也可以说是一种很大的乐趣。这或许就是与从酒单中选酒的最大的不同之处吧。

4. 这才是绝招！如何从超市、便利店买到绝对合适的葡萄酒！

俗话说得好："买饼最好到饼屋。"而如果是买酒，最好也要到酒屋。不过，有时话也不能说得太绝对。如果附近并没有陈列丰富的酒屋，而又特别想喝酒的话，可以在买东西的同时，顺便也带瓶酒回去。

但是，要想在超市或者便利店买到好喝的酒，正如我之前说过的那样，可谓是难上加难。而如何在进口食品商店找些好喝的葡萄酒，之前也介绍了一些方法。接下来，我的任务就是介绍如何在超市、便利店找到"最底线、不走眼"的葡萄酒。

简而言之，我推荐的方法是"找自己知道、了解的葡萄酒"。

那么什么样的葡萄酒才算是"自己了解的葡萄酒"

呢？给大家总结了一些便于记忆的常见品牌，在第 104 页的表格中展示出来。在这其中最具代表性的就是柯诺苏（Cono Sur）。用一句话来形容柯诺苏，它就是即使将赤霞珠和梅洛或有机葡萄酒都摆在面前，也能给我们带来“选择乐趣”的那款酒。柯诺苏也是在众多廉价葡萄酒中，最出类拔萃的品牌。

再有就是菲斯奈特起泡葡萄酒也会时不时见到，这种酒属于卡瓦。在超市陈列出来的起泡葡萄酒中，除了菲斯奈特应该不会再有其他的了。需要注意的是，在超市中往往都是在常温下陈列，所以在饮用之前一定要好好地冷藏一下。

应该不会再有什么太好喝的酒了……不过，无论在哪里我们都经常可以见到的杰卡斯（Jacob's Creek）还是值得推荐的，这是一款产自澳大利亚的大众酒。本人之前曾在澳大利亚生活了三个星期，当时几乎每天都在喝这款酒。再有就是，如果选红葡萄酒的话，智利产的会更好一些。不但性价比高，而且还容易见到。

不同价格最值得推荐的红葡萄酒列表

红	商品名	主要品种	国家	有关味道的简单介绍
1000～1500日元	A．红魔鬼 赤霞珠（Casillero del diablo）	赤霞珠	智利	这款酒有着平衡非常好的深红、暗紫色，它的名字在西班牙语中是“魔鬼”的意思。有关这种酒流传着这样一个传说：在过去，由于这种酒非常美味，所以经常有小偷来偷。为了驱赶小偷，这个酒厂就住进了一个魔鬼
	B．柯诺苏	佳美娜	智利	这款酒性价比最高，用智利特有的佳美娜来酿造，任何品种都无法替代
	C．桃乐丝公牛血	歌海娜	西班牙	以牛这种吉祥物作为标记，可以感觉到那种完全成熟的葡萄的力道，具有典型的西班牙红色
1500～2000日元	D．瑞格尔侯爵	丹魄	西班牙	这款酒价格便宜，用酒桶熟成，是将香草香味与丝绸一般的葡萄酒完美调和出的一款珍品
	E．奔富寇兰山	西拉	澳大利亚	产自澳大利亚最高峰的葡萄酒厂的廉价葡萄酒。完全成熟的浆果系芳香，并用酒桶熟成，将其复杂的香味演绎得淋漓尽致

续表

红	商品名	主要品种	国家	有关味道的简单介绍
1500～2000日元	F. 卡萨利	蒙特布查诺	意大利	这款酒由于在漫画《神之雫》中刊载而广受欢迎，在很多商店中都有出售。酒中洋溢着意大利式的浓缩感，非常容易入手，一定不会错
2000～3000日元	G. 卡勒拉黑皮诺	黑皮诺	美国	如果能接受这个价格则非常推荐这款酒。它的酿造者曾在 DRC 这家超有名的酿酒厂学习技艺，而后在加利福尼亚制造葡萄酒
	H. 金殿之子	赤霞珠	智利	是智利最高峰所产的葡萄酒的一种。第二等标签（酿造者认为以自己的名字还不足以被冠以第一等。性价比非常高）。在 20 世纪 90 年代，给智利葡萄酒界带来了很大冲击
	I. 勃艮第佳酿	黑皮诺	法国	这款酒由曾在勃艮第生活的日本酿造家仲田晃司先生酿造，酒中将日本人细腻的感觉表现得淋漓尽致。酿造这款酒必须同时具备三要素：天、地、人。此外，这款酒的橙色标签也给人留下了深刻印象

不同价格最值得推荐的红葡萄酒列表（标签版）

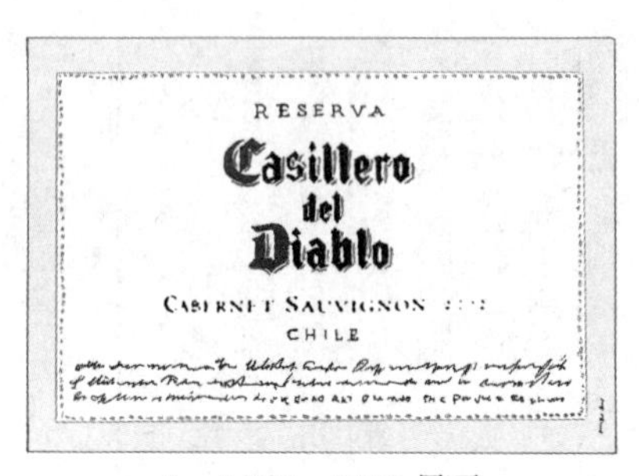

A. 1000～1500 日元
红魔鬼 赤霞珠

B. 1000～1500 日元
柯诺苏 佳美娜

C. 1000～1500 日元
桃乐丝公牛血

D. 1500～2000 日元
瑞格尔侯爵

E. 1500～2000 日元
奔富寇兰山　西拉

F. 1500～2000 日元
卡萨利　蒙特布查诺

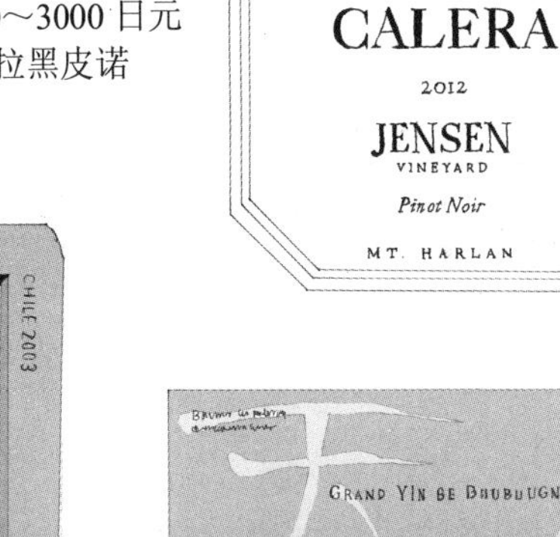

G. 2000～3000 日元
卡勒拉黑皮诺

H. 2000～3000 日元
金殿之子

I. 2000～3000 日元
勃艮第佳酿

不同价格最值得推荐的白葡萄酒列表

白	商品名	主要品种	国家	有关味道的简单介绍
1000～1500日元	A. 黑猫（有两个制造商）	雷司令	德国	以黑猫这个品牌销售葡萄酒的制造商有两个。但无论是哪个，酒精浓度都比较低，而且是中甜口。这种葡萄酒对于刚开始喝酒的人来说是非常适合的
	B. 柯诺苏	维欧尼	智利	这是一个新品种。维欧尼有种白桃般的特殊香味，因此十分值得推荐。要是想以这个价格喝到维欧尼，柯诺苏以外的品牌基本不用考虑了
	C. 杰卡斯	霞多丽	澳大利亚	与智利的柯诺苏一样，澳大利亚杰卡斯公司的霞多丽也将多品种和高性价比发挥到了极致
1500～2000日元	D. 彼得利蒙	雷司令	澳大利亚	一款被称为“传说男人”的彼得利蒙酿造的葡萄酒。可以说是澳大利亚葡萄酒中不可多得的优质品牌，特别是将红色的西拉与白色的雷司令完美结合，令人感受到澳大利亚大地那无穷无尽的美

续表

白	商品名	主要品种	国家	有关味道的简单介绍
1500～2000日元	E. 莫斯卡托甜白（有两个制造商）	麝香葡萄	意大利	以莫斯卡托甜白这个品牌销售葡萄酒的制造商有两个。是一款甜口微起泡的意大利葡萄酒，非常适合刚开始喝葡萄酒的女性饮用
	F. 格蕾丝甲州	甲州	日本	这是一款以山梨葡萄酒为代表的中央葡萄酒。有一种爽快的口烈的感觉，与使用酱油和出汁食物制作的日本料理简直是绝配
2000～3000日元	G. 阿尔萨斯	琼瑶浆	法国	这款酒有一种杨贵妃最爱的“荔枝味”。喝下之后，仿佛有种置身于桃源般的神秘感觉
	H. 云雾之湾长相思	长相思	新西兰	这款酒的特点是充满了爽爽的果实清凉感，并且给人一种舒服的酸酸的感觉。是一款世界葡萄酒舞台上有革命意义的新西兰葡萄酒。
	I. 皮埃尔长相思	长相思	法国	卢瓦尔天才葡萄酒酿造家狄爱丽·皮思拉创立的品牌。特别有名的就是它的标签，心和屁股合在一起确实很诱人哦

不同价格最值得推荐的白葡萄酒列表（标签版）

A． 1000～1500 日元
黑猫 有两个制造商。
印着“黑猫”图案和“SCHWARZE KATZ”的标记

B． 1000～1500 日元
柯诺苏　维欧尼

C． 1000～1500 日元
杰卡斯　霞多丽

D． 1500～2000 日元
彼得利蒙　雷司令

E. 1500～2000 日元

莫斯卡托甜白　有两个制造商。

印着“MOSCATO D'ASTI”的标记

F. 1500～2000 日元

格蕾丝甲州

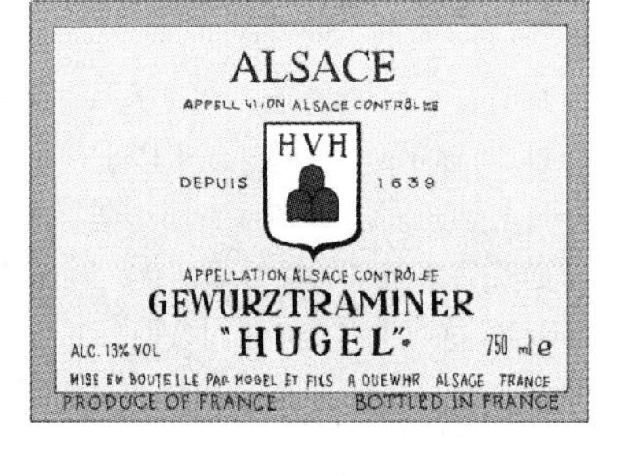

G. 2000～3000 日元

阿尔萨斯　琼瑶浆

H. 2000～3000 日元

云雾之湾长相思　长相思

I. 2000～3000 日元

皮埃尔长相思　长相思

5. “本国产的葡萄酒”不要买

说点题外话，每当你看到超市卖酒柜台中几百日元一瓶的葡萄酒，是否会有这样的疑问——这酒怎么会如此便宜呢？实际上这酒之所以如此便宜，是因为在制造过程中尽量降低了成本。

首先，要到像阿根廷这样人工费、土地都很廉价的国家去收葡萄，并且将葡萄不做任何处理直接变为果汁。并将果汁经过浓缩处理后出口，在日本再进行浓缩还原，然后用这样的果汁再去酿造葡萄酒。

也就是说，本身加工葡萄的成本就很低，再加上通关的时候并不是以酒的形式，所以关税也会大大降低。由于是以最浓缩的形式运到日本，所以比起直接运葡萄酒，同样的空间就能运得更多，这样一来出口的成本也降低了。这样环环相扣，就可以制造出几百日元一瓶的葡萄酒了。

当然，制造这种葡萄酒的初衷并不是想把它制造成客人喜欢的美味葡萄酒，所以我还是不太推荐这种酒。像这种专门用来买醉的葡萄酒一般都会标记为“本国产葡萄酒”；而使用贝利麝香这种日本葡萄生产的葡萄酒则会都标注为“日本葡萄酒”（业内人士对于这种区分方法一般很清楚，但对于普通的消费者来说，恐怕就分得不是那么清了）。

所以，当你遇到比较便宜的葡萄酒时，一定要确认一下标注。如果想选到美味的葡萄酒，只需要排除那些“本国产葡萄酒”就可以了。

6. 最受欢迎的配菜合集

在喝葡萄酒的时候，大家都喜欢带些配菜来烘托一下气氛。搭配成功的奥妙在于，能不能在不知不觉间喝到位……在这里就给大家介绍一些便于在家庭聚会中携带的配菜。

（1）乳酪。

6P乳酪——它的最大魅力就在于可以很便宜地入手，我也很喜欢。除了厚重的红葡萄酒，搭配其他酒都很适合。

卡门伯特干酪——大家都谈不上是喜欢或者讨厌，是一种比较大众的乳酪。非常适合与基本的波尔多系葡萄酒搭配。在葡萄酒柜台附近差不多都能买到，或许在一家店中放在最后再买也可以。

蓝色奶酪——不太喜欢这种奶酪的人或许会觉得它有种“臭味”。事实上这种奶酪非常适合与超甜口的白葡萄酒搭配！可以和蜂蜜一起吃，再将超甜口的白葡萄酒含在口中，这种感觉简直太幸福了，可以说是那些懂酒人士的专享。

水洗软质奶酪——或许大家会觉得这种奶酪也很“臭”。同样也推荐和白葡萄酒搭配食用。

美莫勒——大家对这种奶酪都还能接受。可以说是与什么葡萄酒都可以搭配，特别是与黑皮诺这种轻型红葡萄酒搭配起来更好。

（2）水果。

水果的颜色可以与葡萄酒的颜色进行搭配。像菠萝和苹果这种颜色为黄色和白色的水果，适合搭配白葡萄酒；而草莓这种浅红色的水果则适合搭配黑皮诺；像葡萄这种颜色比较深的水果更适合搭配波尔多系。

（3）坚果。

经过熟成的酒都会有一种坚果般的香味。所以用坚果来搭配纯正的波尔多系的红葡萄酒就很不错。

注意：

- 如果想选“2000 日元以下的起泡葡萄酒”，可选择卡瓦。
- 如果在超市或者便利店买红葡萄酒，就选智利葡萄酒。
- 如果想在饮酒时搭配水果，要按葡萄酒的颜色来搭配。

美味的品尝与保存方法

1. 提到红葡萄酒，多高温度的酒品尝起来味道更佳呢

经常听人提起，要“常温品尝红葡萄酒”，这是地道的法国说法。但是日本与法国相比，特别是夏天，“常温”的概念则截然相反。在盛夏中漫不经心地被保存的红葡萄酒是无法饮用的（反之，如果将红葡萄酒冷藏，味道则会变得很涩）。

葡萄酒界的储存常温是16℃～18℃。作为衡量标准，一般将红葡萄酒从冰箱中取出约1小时后饮用味道最佳。也可以把它简单记为“每5分钟，温度上升1℃”。

这样说来，由于夏天温度上升很快，所以可事先将葡萄酒冷藏起来。最初或许会感觉有点凉，这时可用手掌将酒捂热些。

如果是红葡萄酒，勃艮第系的酸味则会更明显；如果是白葡萄酒，类似于雷司令的辛辣口感，那种敏感的酸味更强烈，建议冷藏。相反，如果是温和的酸味红酒，则推荐大家在酒的温度较高时饮用，此时的味道会更佳。

2. 在冰箱里保存葡萄酒就可以了吗

“因为没有酒窖，所以一般家庭无法存放红酒”“如果忽然想喝红酒，也会因为买起来很不方便而觉得很麻烦”。我想，有以上烦恼的朋友应该很多吧，这种担心是完全没有必要的。用冰箱保存红酒，未开封可保存一个月，开封后则可以保存一周左右。由于酒一般是没有保存日期的，所以也不会变质。

葡萄酒一旦开封，只要保存在冰箱里，是无须使用市面上销售的空气抽离器的。无论是否使用空气抽离器，都不会有什么改变。因为追求改变后的味道也是享受葡萄酒的乐趣所在。

但是，酒的味道的改变，可能会使葡萄酒的品质下降，当然，也有可能使其变得更加上乘，这些都是由葡萄酒本身的特质决定的。有些葡萄酒由于含有某种特定的酸性成分，反而有可能让酒变成你喜欢的味道，但是也不排除这酒会完全变酸、难以下咽。由于用有机葡萄酿造的葡萄酒添加的抗氧化剂含量少，所以味道的变化更大，但无论有多大改变，大家都可以尽情享用（但是由于有机葡萄酿造的葡萄酒没有添加抗氧化的亚硫酸，所以不适宜长期保存）。

◆ ◆ ◆

经过以上的介绍，各位读者感受如何？是否找到了属于自己的那款葡萄酒？是否在和店员交流时，也不再感到恐惧、胆怯、紧张和自卑了？你能感觉到选择葡萄酒是一件令人愉快而享受的事情了吧！经过反复的实践，便可熟练地掌握其中的奥妙。

接下来，我会继续为你介绍日本清酒。

最近，喜爱葡萄酒的年轻人逐渐迷恋上了日本清酒，日本清酒早已不再是“爷爷辈的专属饮品”了。有的日本清酒美味浓郁，有的水果味道甘甜四溢，还有的则让人感到酣畅淋漓。现在，就让我们一起进入将日本海鲜料理、野菜料理推向最高境界的日本清酒的世界吧！

注意：

- 红葡萄酒可以在冰箱里冷藏，饮用前一个小时取出。
- 市面上贩卖的空气抽离器并无实际用处。
- 如果未开封，可存放一个月；开封后可在冰箱里保存一周左右。

美味葡萄酒的选择方法总结

1. 找到喜欢的品种

红葡萄酒　咖啡和红茶喜欢哪种呢？→第 45 页

白葡萄酒　吃青花鱼时是不是喜欢火候大一些？→第 54 页

2. 自己选择还是请店员推荐

喜欢某个品种的某些特质，该如何选择呢？

品种		经常使用的特点词汇
红葡萄酒	赤霞珠	浓厚、全面
	黑皮诺	华丽、如草莓一般
	西拉	厚重、辣口
	梅洛	丝滑、温和
	佳美娜	丝滑、温和
	丹魄	辣口、开朗
	马尔贝克	果实味丰富、多汁
白葡萄酒	霞多丽（经过酒桶熟成）	酒桶熟成、柔和
	霞多丽（未经酒桶熟成）	万能搭配、清爽至极
	雷司令	清爽、易饮、独树一帜
	长相思	新鲜、碧绿
	琼瑶浆	如荔枝一般、甜美

3. 如果已经习惯了……

A. 请挑战顺序模板→第 78 页

B. 可以试一下不同品种→（下图）

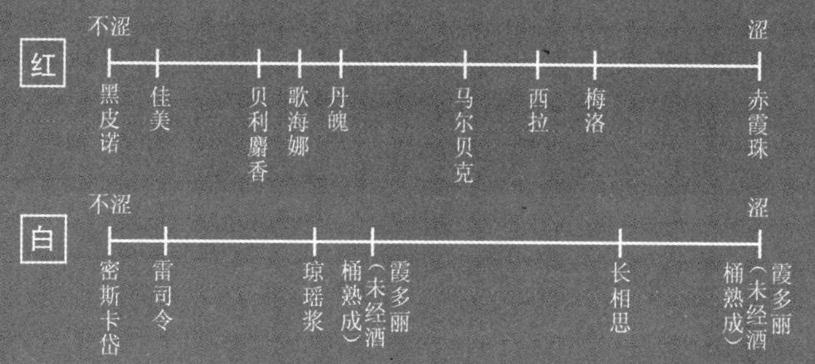

在不知道点什么酒而需要帮助时，请记住下面这句话

→“搭配这些菜的话点什么酒好呢？”

家中饮用篇

● 酒屋、进口食品商店

如果是大家一起喝，在场的人里……

红 经常喝酒的人比较多→高肩瓶（赤霞珠等）

经常喝酒的人比较少→斜肩瓶（黑皮诺）

白 经常喝酒的人比较多→法国产的霞多丽、新西兰的长相思等

经常喝酒的人比较少→细高瓶（雷司令的甜口）

泡 预算较多→香槟

预算较少→卡瓦（大概 1000 日元一瓶）

如果是自己喝

可以和店员交流一下→按照前一页第 2 点

● 超市、便利店

不会选错的葡萄酒列表→第 104 页

第2章

美味日本清酒的选择方法

Sake

- 基本篇
- 餐馆饮用篇
- 家中饮用篇

令全世界为之疯狂的日本清酒“UMAMI”（美味）

1. 亲爱的朋友，请听我说：如果你喜欢葡萄酒或者味增汤的话，那么你也一定会痴迷于日本清酒

如果有人说现在是日本清酒在历史上最好的时代，我觉得这话一点都不过分。

现如今，制造商的酿造水准、运输和保存等各个环节都是精益求精。在如此保障下，似乎我们喝什么都感觉味道还不错。再加上近一段时间新的制造商不断出现，便造就了日本清酒产业的空前繁荣，有各自特色的日本清酒更是层出不穷。

当然，只因当前这样一个大环境而妄加评判，断言日本清酒已经成为如今本国文化的代表还是过于牵强了。对于日本清酒的评价，一个有趣的现象就是来自世界的评价反而比本国还要高。无论称之为“Sake”还是清酒，这些似乎都验证了它已经得到了全世界的肯定。在这样一种大环境下，即便是在日本，日本清酒也有了一种被重新认知的感觉。但有意思的是，每当被问到你喜欢什么酒时，还是会有很多人说喜欢葡萄酒。

这样一来就很有必要再重复一下前文中提出的观点了，那就是“喜欢葡萄酒的人，也一定会痴迷于日本清酒”。

无论是葡萄酒还是日本清酒，都以甜度、果味、酸味等作为自己的特点，形容它们的味道也都是用类似“清新”“口轻”这样的词汇。特别是白葡萄酒和日本清酒，可以说其是味道极其相近的酒。其实说到底，还是因为都是甜酒！然而，日本人喜欢日本清酒不只是因为它的味道与葡萄酒比较相似这么简单，而是日本人长年累月吃和食，喜欢日本清酒便是自然而然的事了。

为何会这样说呢？因为日本清酒作为日本文化的代表正成为被世界公认的“美味”，“UMAMI”（美味）当然也包含在其中。与出汁为代表的“UMAMI”（美味）紧紧交织在一起，这种独一无二的饮品当然非日本清酒莫属了！

现如今，连以法国厨师为首的世界顶级厨艺大咖都开始关注“UMAMI”究竟是一种什么样的味道了，而摆出日本清酒进行销售的商店也是越来越多。日本清酒不仅成为了美味佳肴的代名词，更被世界所广泛关注。

坦白来说，日本人从小都是喝味增汤、吃蘑菇和海带中的出汁长大的，所以对于这种美味似乎习以为常了。这样一来，喝日本清酒时的那种习惯与舒服的感觉，似乎早就流进了他们的血液里。

2. 有关日本清酒的那些是是非非

在法国，人们似乎不会在乎葡萄酒的是是非非，大家只要开心喝酒就足够了。因此，即便是爱较真的法国人，也绝对不会过多纠结于葡萄酒的是与非，劝慰他们自己最好的一句话便是“那不都是理所应当的吗”。

但是，对于日本人来说，日本清酒就没那么多“理所应当”了。他们对一些地方还是很在乎的，甚至可以说是有一点纠结。这到底是为什么呢？在我看来，应该有两个原因。

一是“不靠谱的传说确实有点多”。

历史虽然悠久，但到头来大多数都是真实存在的事，而在日本清酒的世界中却充斥着各种各样不靠谱的传说。如此便带来了很多误解，其实我们的初衷很简单，只是想找到一种能够轻轻松松消遣的酒而已，但即便是这个小愿望似乎也有些遥不可及。更可怕的是，有些传说甚至把日本清酒说成了是“叔叔专利”。这种不靠谱的说法是多么可怕啊，这难道不是硬生生地将日本清酒与年轻人划清了界限吗？

二是“写的都是日语，往往说的什么根本不知道”。

口说无凭，我们先举个例子，比如说日本清酒的名字。当你看到写着“生酛[①]造り本酿造熟造熟成生原酒”这个名字时，是不是有种崩溃的感觉？写的都是汉字，但名称太长还是看不懂，这显然已经不是名字了，变成咒语了是不是？不只是搞不懂这款日本清酒，第一感觉更像是看到了完全不懂意思的咒语……出现这种感觉的原因是语言带来的大问题。

但事实上，如果可以将类似这样的文字翻译过来的话，也就明白了每款日本清酒是何种味道以及它有什么样的特点了，甚至可以让你有些意外……没想到日本清酒也可以如此的简单啊。

---

① “酛”，音 yuán，日文汉字。生酛为一种日本清酒的制造工艺。

而本书的写作目的在于，要把世间的一切所谓传说弄清楚，特别是要告知你把那些好似咒语的文字如何翻译成通俗易懂的汉语的有效方法。在此基础上，也会传授给你立即就能找到优质日本清酒的秘籍。

让我们一起来做个约定吧！当你读完整本书后，一定会熟练掌握“如何去选择好喝的日本清酒”。

注意：

- 现如今，酿造日本清酒的技术革新正处于历史最高水平。
- 对于日本清酒，海外的评价反而比本国高。
- 日本清酒的“翻译”其实出乎意料的简单。

有关日本清酒的传说其实都是假的

我们首先一起来见识一下有关日本清酒的四大传说。听到这些传说，你很有可能会情不自禁地发出这样的感叹：“对！对！就是这样！”“没错！就是这个传说！”等。但如果你抓住了日本清酒的精髓和本质，通过自己明亮的双眼去认真打量，那么对于所有的传说就会有一个自己最清晰准确的判断了。

1. 日本清酒的4种传说

（传说1）日本清酒啊，太容易喝醉，而且一喝醉就特难受……

作为一名北信越料理店的负责人，本人给大家举一个很有说服力的真实例子。大家都知道，吃日本海的海味与喝日本清酒简直是绝配。然而令人感到可惜的是，有相当一部分客人很少能享用这种绝配。首当其冲的原因便是他们认为日本清酒太容易醉。

“日本清酒的后劲第二天还有呢……”

“其他酒还好，就是这日本清酒太容易醉了，喝了之后整个人都变得不好了……”

听到这些，请允许我为日本清酒的名誉辩解一下。其实这些都不是日本清酒的错，错就错在这日本清酒太好喝了，总是让人不知不觉就喝过了头。一杯又一杯地喝了很多，导致体内的酒精浓度越来越高，最后喝多倒下也就不足为奇了。

为了防止喝醉，喝日本清酒时兑着适量水来喝是十分必要的。当然这种水不是一般的水，而是特定的与日本清酒一起喝的“柔水”。喝酒的时候，“柔水”的量一定要比日本清酒多一些。只要这样，就可以保证第二天早晨可以清醒地醒来。但是也有相当一部分男性朋友认为“只要兑着水喝就肯定不会醉”，这种想法一定是错误的。在此给大家推荐一个妙方，那就是可以把日本清酒烫一下再喝，也就是常说的“烫酒”，这样的话或许就不太容易喝醉了。

对于那些对醉酒有心理阴影的人和刚刚开始喝日本清酒对自己酒力不太自信的人来说，在开始的时候可以尝试喝一些酒精浓度较低、口感较甜且容易喝的“发泡性日本清酒”。比较有名的有“铃音”（一之藏）、“澪”（宝酒造）等。其实我倒是觉得知名度稍稍差一点的“玉響”（橘仓酒造）更容易上口。

在我们店里，这种发泡性日本清酒就特别受那些平时不怎么喝酒的女性朋友的欢迎。所以说对于常把“日本清酒不太好喝”这句话挂嘴边的人来说，如果让他们喝一次这种发泡性日本清酒的话，我想他们的想法一定会有所改变。

（传说 2）日本清酒最地道的地方还是“烈性”

记得有这样一句话：“无论在地球的任何一个角落，

男人啊都是混蛋！”

我对这句话也是深信不疑！日本清酒即使是在海外，似乎也有“烈度很高”的评价。

其实无论是白葡萄酒还是日本清酒，为何男人总是在众人面前表现出喜欢烈酒的姿态呢？其实对于这一点，全世界的答案几乎相同。那就是“口甜”这种话肯定是刚开始喝酒的菜鸟才会说的，而当着美女或者部下的面，一句“这酒好烈”似乎才更有面子。这种感觉想必也是不难理解的。

然而，本人想在这里告诉大家的是：当你听到类似于“请给我烈性日本清酒”这种要求时，实际上他根本就不会选择到好喝的日本清酒。一直推崇烈酒就是好酒的人，实则进入了一个误区，这样反而喝不到好酒。

那么日本清酒的这种“烈”究竟是一种什么样的味道呢？

实际上这种“烈”并不是一种味道，而是由酒精引起的“刺痛感”。这不是味觉，而是痛觉。这种“口烈”的感觉或许是由于语言表达时用词的问题而给人带来了误解。

那么为什么这种“痛觉”居然被形容成了“口烈”

呢？其中一个原因就是这帮喝酒的男人的问题，是他们用错误的表达带来了错误的理解。不过话说回来，这也不能全怪他们。

在日本清酒的世界中，清爽烈性热潮兴起于泡沫时代，当时不掺杂任何杂味、甜味、鲜味的清爽味道就是最好的，而“真正的酒＝口烈”这种思想也已经形成。1987年问世的朝日舒波乐酒更可以称为当时“烈酒大战”的产物。

这场战争也影响到了鸡尾酒的世界。比如马天尼鸡尾酒（金酒加味美思）渐渐变成了烈性酒，从而开始了“烈性酒与马天尼酒”这场愚蠢战争的时代。与此同时，又出现了“只喝金酒不是也挺好的吗”这种声音，人们便又开始推崇没有甜味的马天尼。

与此同时，以三得利麦芽纯生为代表的啤酒开始广受欢迎，人们开始追求麦芽那种香醇的味道，并给予它很高的评价。具有浓厚香醇味道的啤酒被称为好啤酒，而反观日本清酒却还是一味追求烈性。可笑的是，想当初连最早开始烈酒战争的啤酒界都已经烟消云散的时候，日本清酒却还是一直为烈性争个不停。

是否可以像啤酒一样，在日本清酒中加入类似麦芽的成分呢？

答案是否定的。理由很简单，就是因为大米！没错，就像啤酒的原材料是麦芽一样，日本清酒的原材料只能是大米。当在口中回味大米的那种鲜味和甜味的时候，可以说这才是真正日本清酒的原汁原味。日本清酒的妙趣就在于这种味道，即大米的香甜饱含其中的熟悉味道。

所以说正确答案应该是日本清酒最地道的并不是它的烈性，而是它那种大米带来的香甜味道。因此有必要纠正一下，大家真正特别喜欢的是香甜的日本清酒。每当我听到顾客对我说“有什么烈酒推荐一下吧”的时候，我都会偷偷地将味道最香甜的日本清酒拿给他，出现这种情况也不是一次两次了，但却从未听到顾客诧异地反问“这酒怎么一点儿都不烈”，而更多的回答都是“好酒，好酒”。没错！香甜的日本清酒才是好酒！

（传说 3）刚开始喝日本清酒的人都会说：“先来点容易喝的！”

在店里的时候，我也经常听到顾客说：“给我来点容易喝的日本清酒”。每当我听到这样的要求时都犹如晴天霹雳一般。

为什么这么说呢？就像世上没有绝对好吃的东西一

样，谁又能保证哪种日本清酒一定是容易喝的呢（现在电视里的美食节目在介绍日本清酒时，总是习惯说“这个容易喝，那个容易喝”，听到这些话，我似乎找到了罪恶的根源了）？

就像葡萄酒一样，每种酒好喝与否都是因人而异的。日本清酒是不是容易喝对每个人来说都不一样。女性所说的“容易喝”，大多是指香甜味道比较强的酒。而对于刚喝酒的菜鸟来说，酒精浓度低的酒才是最容易喝的。而认为有烈性味道的日本清酒好喝的人自然也不在少数。

因此，对于被问到“我要容易喝的日本清酒”的店员来说，一定要和顾客确认一下“你认为什么样的日本清酒是容易喝的？”如果不确认的话恐怕就要产生悲剧了。“你觉得是带果味的比较容易喝还是口感柔顺的比较容易喝？”类似这样的问题，一定要先依据顾客的喜好确认一下。

那么自己究竟喜欢什么样的日本清酒？是香甜的日本清酒，还是味道浓一点的日本清酒？如果想弄清自己的喜好，在后文中会为大家更详尽地介绍。

（传说 4）日本清酒的味道其实是大米变来的

在介绍葡萄酒的章节已简要地提到过，日本清酒的味道并不受大米种类的影响。事实上，就算是职业的品酒师也很难通过酒的味道来判断出米的种类。

一般来说，葡萄的味道往往会直接变成葡萄酒的味道，如果硬要与差不多可以算作是“农作物”的葡萄酒相比较的话，日本清酒更应该算作是一种“工业制品”。大米收获以后要靠多种工序来加工，而这些工序的不同往往对其味道产生了很大影响。在世界非常有名的“獭祭”等几个品牌日本清酒，虽说使用了“山田锦”大米作为原材料，但也不能保证味道就一定会很好。而事实上不使用本地的大米酿造日本清酒的也不在少数。

再有就是酵母（将大米中的糖分变为酒精，能够决定日本清酒味道的一种非常重要的菌），随处都可以买到，由地域不同带来的味道差异也就几乎显现不出来了。所以说“地酒”这种定义事实上也是极其模棱两可的。

但如今，“全部原料均产自当地”这样的噱头似乎又有回潮的倾向。如果见到在标签上写着“全部新泻”“全部能登”这样的标语，可以说这就是“地酒”，言外之意就是酒中饱含着某个地域的特别味道。

顺便说一下，其实我本人应该说是一个日本清酒的“挺米派”，认为说在日本清酒的生产中应该更加重视大米的作用。这其中还要遵循一条原则，那就是如果都不用日本产的大米作为原料，那又怎么能自称是“日本清酒”呢？当然，如果只是以日本产的大米作为标签，没有其他诱人之处，也是无法在世界立足的。

就像“产自香槟地区的香槟酒”和“产自博若莱地区的新装”一样，当看到“NIIGATA の JUNMAI”这样的标签，就能强烈感觉到这是一款特别的“地酒”，像这种“地酒”粉丝在世界上也越来越多。粉丝们对“地酒”追求的这种渴望也一直是深埋于心的。

再说点题外话，在法国管理葡萄酒的是农业和食品部，要生产出更好的葡萄酒，那么这个部门必须承担起规范各项规章制度的重要任务。而在日本管理日本清酒的部门又是哪里呢？想来想去应该是国税厅吧。所以说国税厅的人根本不会想“怎样把日本清酒做得更好”“制定方针力争做出世界顶尖品牌”这样的问题，更多的时候在研究怎样收税金更容易……

2. 选择日本清酒的关键是“制造工艺”

刚才我们已经清楚了一点，那就是大米的种类其实并不能改变日本清酒的味道。那么选择日本清酒的关键又是什么呢？

简而言之，影响味道的关键就是“制造方法”，也就是我们在标签上看到的“纯米”“吟酿”“生酒”“原酒”等这些字眼。如果能抓住“喜欢什么制造方法的日本清酒”这一点，那么在日本清酒的选择上可就容易多了。与此同时，在与店员的沟通上也会顺畅很多。

但是在日本清酒中，这种制作方法的说明往往比较难以理解，或者说让人感到很晦涩，需要更多地去学习。

这就是“制造工艺”！

我们大可不必先过多纠结于细节。我们要做的是，只要一翻开书，就能发现一下子引起兴趣的图表，而后只需按图索骥就可以了。所以说无论如何你都要先知道自己喜欢什么，知道喜欢什么了才能享受美好的生活。而美好的生活从哪里开始呢？答案就是——从闻着日本清酒的酒香而醒来的地方。

注意：

- 日本清酒往往需要兑一些比它量多一点的柔水后饮用。
- 地道的不是“口烈”而是“口甜”。
- 大米的种类几乎对味道没什么影响。

有关日本清酒的选择，如果换成其他问题会变得很简单

1. 当你回答“喜欢哪种煎鸡蛋口味”时，瞬间就可以了解你喜欢什么口味的日本清酒

接下来，介绍一幅快速鉴别自己口味喜好的图表。只需要回答两个问题，就能很容易地判断出你喜欢的制作方法以及适合推荐给你的日本清酒品牌了。

Q：瞬间找到喜好口味的图表（日本清酒篇）

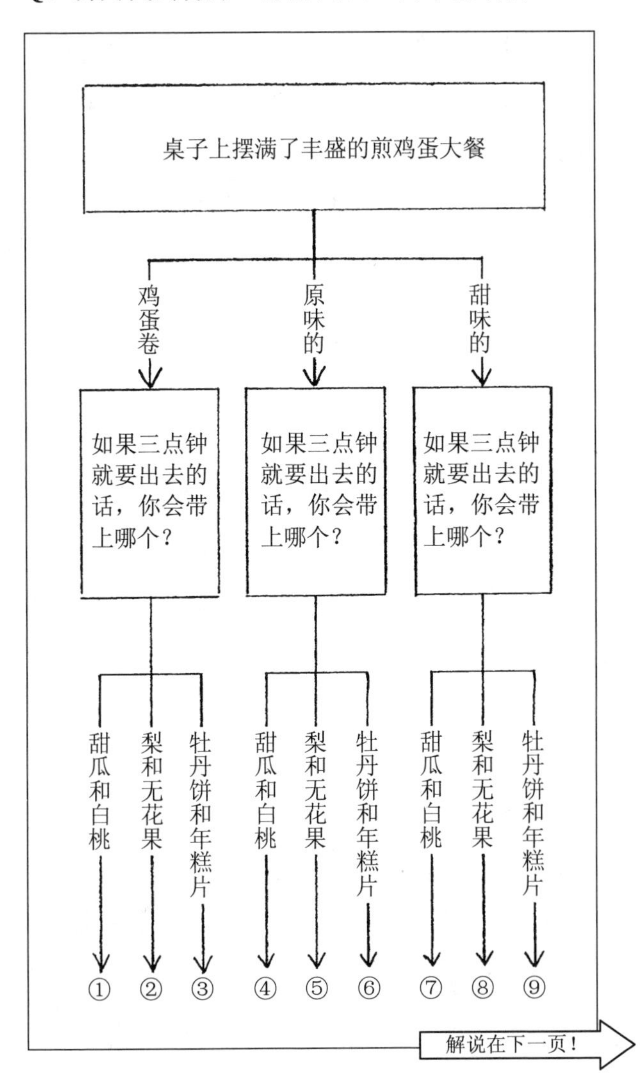

这张图很难理解吗？当然不！第一个问题是假如桌子上摆满了丰盛的煎鸡蛋大餐，有原味的、甜味的、鸡蛋卷，那么你将如何选择呢？无外乎也就是如下三个选项：

鸡蛋卷——喜欢鲜味比较强烈的。

原味的——喜欢味道比较纯粹的。

甜味的——喜欢甜味比较强烈的。

三种选项其实可以转换成以上解释。

第二个问题是“如果三点钟就要出去的话，你会带上哪个？”这个问题实际上是用来判断你喜欢甜味的强度和种类。

甜瓜和白桃——浓浓的香味是它们的特点，代表你喜欢香醇度很高的吟酿系。

梨和无花果——香味不是很强烈，是不是就代表你喜欢比较鲜纯的味道？本酿造的纯香系或许你会更喜欢。

牡丹饼和年糕片——这两个是典型的保留大米原香的点心。这代表你喜欢纯米酒。

综合以上两个问题，就会变成下文中的表格。如果你现在还不太清楚我在说什么，甚至觉得有点难以理解也没有关系，只需要记住下面表格中与自己对应的酒就可以了。

A：瞬间找到喜好口味的图表（日本清酒篇）

你喜欢的日本清酒	推荐品牌		
①“无过滤生原酒”	羽根屋	谦信	花阳浴
②“清爽型生酛・山废”	一乃谷	游穗	初孙
③“熟成型生酛・山废”	菊姫	天狗舞	开春
④“(纯米但非原酒) 吟酿”	八海山	菊水	黑龙
⑤“本酿造”	久保田	万寿镜	南
⑥“清爽型纯米”	鹤友	胜驹	景虎
⑦“香甜无过滤生（含原酒）”	村祐	嘉山	高千代
⑧“日本清酒精度数为负的纯米酒”	奥能登白菊	花柳界	真名鹤
⑨“黏稠熟成酒”	三笑乐	舞美人	达磨正宗

依据不同的类型对应不同的日本清酒品牌，这些都是结合我的自身饮酒感受，而将最好喝、最适合的酒毫无保留地推荐给大家。所以，请大家一定去试一试。需要补充的一点是，即使同一品牌也会因制造方法的不同而在口感上有区别。比如说如果自己选择了类型③，我也要明确告诉你，菊姫品牌中的山废和其他菊姫酒相比，在制造方法上还是有所不同的，因此味道肯定也会有区别。

但是，如果这里列举出来的品牌并没有出现在你的菜单中该怎么办呢？如果真是这样也请你把心放宽，只需把自己喜欢的日本清酒按照表中的类型直接告知服务员就可以了。比如当你说出“来个熟成型生酛”“来个清爽型纯米酒”这样的要求，服务员都能很好地领会你的意思，并把你喜欢的好酒端上来。再比如当你说出类似“我喜欢羽根屋这种无过滤的生酒，有没有和这个差不多的”这样的要求也是完全没有问题的。

这里列举的九种日本清酒按照味道强弱的顺序排列如下。如果是想尝试更多味道的朋友，在你喜欢的日本清酒的相邻位置的酒，我也推荐你不妨尝试一下。

⑤“本酿造”－④“吟酿”－⑥“纯米”－⑧“日本清酒精度数为负的纯米酒”－⑦“无过滤生（含原酒）”－②“清爽型生酛”－③“熟成型生酛”－⑨“黏稠熟成酒”

“那个……无过滤生原酒哪去了？”

细心的朋友或许会发现，表中的①无过滤生原酒不见了，而事实上无过滤生原酒并没有“邻居”。也就是说，这种酒可以与其他八种区别开来，甚至可以说它是独树一帜的。

这种独树一帜的无过滤生原酒由于口味过于浓烈，

所以在这里本人并不推荐作为餐中酒来饮用。食用生鱼片或者比较清淡的料理时，饮用这种酒往往会倒胃口。而如果想好好吃一些比较多汁的食物的话，饮用它也往往会搅局。因为一旦喝这种酒就会带来巨大的冲击感，从而导致很容易喝得头昏眼花，那样的话可就什么美味都尝不出来了。

在我们的潜意识中似乎已经形成了日本清酒就是餐中酒这样的定义，但是无过滤生原酒与其他日本清酒不同，也许单独喝它会更有感觉。所以我们可以把它看作是日本清酒中的一股清流，习惯了喝餐中酒的我们可以在饭后好好地尝一尝无过滤生原酒，这也不失为一种好的选择。

说到这里，我觉得围绕日本清酒的解说应该变得清晰了，你是否找到自己喜欢的“制造方法”的日本清酒了呢？接下来，要解决另外一个造成大家“不懂日本清酒”的问题了，那就是“日本清酒名的翻译”。

2. 对于没喝过的日本清酒的人，有一种鉴别其味道的大致方法

“当我们看到日本清酒的菜单，面对着看不懂的文

字，我们根本不知道如何是好。”

每当我在店里的时候，似乎总能听到这样的声音。当你看到“生酛造り本酿造熟成生原酒”这样一大串文字时，心中难免不解。而当你接下来又看到类似“大七”“獭祭”这样的品牌时，肯定会发出这样的疑问：“为什么会有这样的名字啊？”

这样写的理由其实很简单，那就是连制造工艺的名字也一起写上了。像是否添加酒精、是否加水、是否经过加热处理等，把这些内容都写上去的原因无外乎是想把日本清酒的所有特点都非常详实地介绍给大家，但往往事与愿违，一不留神搞成了“寿限无”（日本落语作品名。落语垫场戏的代表性剧目。用于练嘴说绕口令的滑稽戏。内容为寺院住持给孩子取吉利而冗长的名字）。这样长长的名字好似被冠以“某某集团关东支部营业局次长兼上级执行役员”这种可怕的头衔一般。

事实上，这些冗长的名字无外乎是想把这种酒的特点介绍得更加详细，以此来增加卖点。正因如此，最近出现了名字越来越长的趋势。但是如果不了解生产者这个初衷的话，看着这些好似咒语般的名字，原本明白的人怕是也要被弄糊涂了。

但是，请稍等，如果把这些名字里面的要素一个一个分解开来“翻译”的话，顾客对于“生产商想表达什么”“这是一种什么样的酒”……类似这样的问题就会很容易理解了。也就是说，对于顾客来说，日本清酒的名字已经成为了代表其味道的第一印象。因此为了能让顾客得到非常美好的第一印象，掌握准确地道的“翻译处理”是十分必要的。

举个例子，如果翻译“生酛造り本醸造熟成生原酒”这个名字的话，可以翻译成“古法酿造，添加酒精但无任何加热加工处理的珍藏日本清酒”。如果是“意译”的话，甚至可以翻译成“醇香典范、回味无穷的珍藏之酒”。看到这样的介绍一定会感觉这酒很好喝吧！

如果能像这样把酒的名字准确翻译的话，即使没喝过也能大致了解它的味道，因此在选择上也会变得更容易。

3. 所谓“精米步合”，并不是剥离的越多越好

从这里开始，将对一些已经经过“翻译处理”的基础日本清酒单词，比如“制作方法”进行进一步讲解。其实对于读者来说没必要说成是学习，只要我说的话你能够在茶余饭后很轻松地看进去就可以了。

精米步合

或许大家都知道，制作日本清酒的时候并不是使用一整颗米粒的，而是需要“精米”流程，也就是说将米粒外侧剥离下来，再经过发酵处理来制作日本清酒。如果说将 40%剥离下来，就称之为“精米步合 60%”；而如果是将 30%剥离下来，就称之为“精米步合 70%”。也就是说，用来表示的比例是留下来的部分。所以“精米步合”一般都会在标签上明示出来（参照 135 页）。在民间有这样一种说法，把米剥离下来的越多，在饮用酿成的酒时就会有一种像水一样的清爽感，由此一来“精米步合”比例小的日本清酒就更受大家的欢迎。

但是坦白来讲，并不意味着将米剥离得越多味道变化就会越大。依据大米的种类，一般来说剥离 4 至 5 成与剥离 8 至 9 成相比，味道几乎没有什么变化。

而我认为其实只有在米的外侧才饱含着真正日本清酒的精髓。事实上的确是因为米粒外侧饱含着很多“杂味”，所以说能够把这部分剥离下来而制成日本清酒才格外有味道。因此，“杂味等于杂质”这种说法是极其错误的，其实在杂味里也是蕴含着很多美味的。

虽然说现在的日本清酒都以剥离更多大米来制作为

潮流，但是如果追求真正的日本清酒美味，只需剥离30%～50%即可。也就是说，我的建议是尽可能地选择那种普通的日本清酒就可以了。

由于从现在开始介绍制造方法，所以要详细介绍一下“精米步合”这个词。当我们看到步合的数字时往往从 100 开始计算，比如“精米步合 60%”，我们就可以翻译成“剥离了 40%的米”。

也就是说，100－精米步合＝剥离的米的比例。

4. 纯米酒并不一定比本酿造更好喝

“是纯米酒还是本酿造酒？”“是吟酿还是大吟酿？”这两个问题已经成为是否掌握翻译能力的“最重要基础词汇”。

首先第一个问题，是“纯米酒”还是“本酿造酒”？

所谓“纯米”，就像它的名字一样，是指只使用纯粹的米或米曲制成的日本清酒。能将米的那种甜香等原汁原味保留得淋漓尽致。

而“本酿造酒”则是在米和米曲中添加酒精（简单来说就像烧酒那样）酿造而成。以口感清爽、易于饮用、香味浓厚为特点。

但是，这种本酿造酒俗称“含酒精（添加酒精的日本清酒）”，并不是很受欢迎。我们经常可以听到客人说出“含酒精的味道不好，很难喝”这样的话。人们大多认可“要喝日本清酒，还得是纯米酒”。

而事实上，非常难喝的含酒精日本清酒在战后已经没有了，以上说法其实是在日本贫穷落后时代作出的评价。战后，由于空袭造成了农田烧失、人手不足等多种问题，导致大米的产量极具匮乏。由于大米的不足，在酿造日本清酒的时候向其中注入了不到 3 倍量的酒精，以酒精作为调味料的“日本清酒”从那个时候开始销售，所以造成当时的日本清酒味道并不太好。

但是可以负责任地讲，现在市面上流通销售的日本清酒对绝没有再使用当时那种工艺的，这一点我可以保证。

那么为何在大米产量充足的现在还保留着添加酒精这种工艺呢？理由之一就是还想让酒保持口感清爽、易于饮用的特性，再就是为提高酒的香度。

对于纯米酒来说，味道就是大米原汁原味那种芳醇味道，对其香味的再处理是比较困难的。因此纯米酒似乎并不是能让鼻子满意的那种酒。这样一来就给了本酿造酒机会，生产者一直致力于将易于与香味分子相结合的酒精添加其中，以此带来那种浓厚的香味（理由是大多数人并不能将对酒闻起来的味道和喝下去的味道严格区分，往往认为闻上去有浓厚香味的就是“香甜”的好酒）。所以说，如果认为闻起来香的酒就一定好喝，那明显就大错特错了。

简单来说，可以这样认为：没写着纯米＝本酿造酒（含酒精）＝闻起来很香的酒”。同样的品牌，如果是“纯米大吟酿”和“大吟酿”的话，显然后者的香味会更浓一些。

而现如今的日本人似乎有一种“添加就是不好”的印象，而且这种印象有越来越强的趋势，因此本酿造酒在逐渐减少。即使是葡萄酒，日本人也大多喜欢单一品种的，因此像“添加”“混合制成”这类酒也越来越被嫌弃。

然而，本酿造酒还是有其独特味道的。如果现在某个人发自内心地说“喜欢本酿造酒”的话，那么或许他才是真正的行家！

纯米酒＝追求大米原汁原味的香甜味道

本酿造酒（含酒精）＝口感清爽、推崇香味

5. 在标签中没有表现出来的“企业秘密”

另外一个关键问题就是，如果既不是“吟酿”也不是“大吟酿”呢？

所谓“吟酿”，直白点说就是“慢慢侵入味道酿造”，也就是“在低温环境下经过长时间酿造出的酒”。

像这样长时间慢慢酿造的酒，一般来讲都要将米剥离 40%以上（精米步合 60%以下），因此称为“吟酿酒”（如果是纯米酒的话称为纯米吟酿）。具有水果的香味是其一大特点。

而另外一种，如果将米剥离 50%以上（精米步合 50%以下）就是“大吟酿”（纯米酒就是纯米大吟酿）。这种比起吟酿酒香味会更浓厚。

精米步合 70%以下的含酒精酒称为“本酿造酒”。一旦说成是本酿造，对香味的追求就会有所控制，而对入口时的清爽感会更加注意。

为何对吟酿酒的定义，明确写出“一般情况下大米的剥离必须要在 40%以上”这一条是十分必要的？因为在日本清酒界的政策也好法律也好都没有规定。

具有匠人精神的制造者，“如果只剥离了 50%，以这种水平是绝对不会被称为大吟酿的”，他们会将这些酒以吟酿酒的名字出厂销售，但事实上行家们对于这个剥离标准也是争论不断的（如果只剥离了 40%的话，那岂不是既非“吟酿”，也非“大吟酿”）。

其实在坊间流传开来的除了以上两个问题，还有一个问题。那就是无论是吟酿还是大吟酿，使用“酵母”的藏品都不在少数。特别是大吟酿，还有其专用的酵母（能够使香味变得十分浓厚的酵母）。

这种酵母事实上对味道的影响比大米还要大。作为“企业秘密”，它并不会标识在藏品上，由于也没有必须要在标签上标明的义务，所以一般人不会了解这一点。日本清酒比葡萄酒要难懂得多或许就是因为这个原因吧。

吟酿＝有浓厚水果香味的

大吟酿＝具有更浓厚水果香味的

那么现在我们可以把以上说的内容总结一下。接下来列举出六种酒作为“特定名称酒”，而除此以外则都可以称作“普通酒”。

不添加酒精的“纯米酒”

纯米酒（无精米步合的规定）。

纯米吟酿（精米步合 60%以下，顶级藏品的标准。具有最好的平衡，最畅销的酒应该就是这个）。

纯米大吟酿（精米步合 50%以下，由于需要花费很长时间制成，因此价格也很昂贵。比起添加酒精的“大吟酿”，口味更加香甜怡人，具有浓厚香味是其特点）。

添加酒精的“含酒精酒”

本酿造酒（精米步合 70%以下。由于酒精的作用味道清淡清爽。也可依据酒精的含量产生强烈的感觉，也就是“口烈”）。

吟酿酒（精米步合 60%以下。伴随着强烈的口感，还具有蜜瓜、苹果等水果的味道，具有吟酿特有的浓郁又清爽的香味）。

大吟酿（精米步合 50%以下。比起“吟酿”具有更浓厚的香味。与添加酒精的“纯米大吟酿”相比，口味更清爽，香味更强烈）。

6. 意译出来的“制作工艺”竟如此简单

为了显示已经掌握了最高的翻译能力，一些必要的词汇也随之出现。比如“生酒”“原酒”“山废&生酛”“榨出”“冷卸”等。在这里，我想有必要向大家介绍一下这些日本清酒的代表制作工艺。在这些工艺当中，最能影响味道的就是“生酒”，其次是“原酒”。所以在现实生活中，大家只要遇到写着“生原酒”三个字的酒，无论怎么喝肯定都是“生原酒”的味。

那么接下来我们就一起来看一下各种各样的制作工艺吧！顺便也请好好理解一下每个词汇解释第一行的“意译文”。

（1）生酒。

酸酸又清凉的感觉，给你一种新鲜的味道！

普通的日本清酒通过抑制杂菌的繁殖而让其味道保持稳定，为此还会进行两次大约 60℃的加热杀菌处理（入火）。而如果这种入火过程一次都没有的话，那就是“生酒”。也就是说，生酒连加热都不需要，只需冷藏保存后饮用。

不过如果这种生酒特有的香味过了头也不好，很多讨厌这种味道的人为其取名为“孕吐香”。不过现如今消费者似乎不再像以前那么反感，喜欢生酒这种特有香味的人也越来越多。

（2）原酒。

香甜浓烈，厚重典范的代表！

在一般的工艺当中，都会在酒中加入适量的水以调节酒精浓度，并带来味觉上的变化。而如果跳过了这个步骤，保持原样直接上市的话就是原酒了。原酒并没有水的稀释，而是保留了“原料”的酒，因此酒精度数会比较高，达到了 20%（普通的日本清酒大约在 16%左右）。

（2）无过滤。

五味杂陈、口感带劲、颜色泛黄的神奇清酒！

日本清酒之所以被称为“清酒”，是因为其颜色是透明的，这是源于在制作中经历了活性炭过滤过程。简单地说，就是加入炭粉来过滤。刚刚经过此种工艺的日本清酒都会泛着黄色，那是因为色味和各种杂味（当然也包括一些好的味道）都吸附在了炭粉上，因此才会变成看上去透明的酒。

所谓无过滤，就是不使用活性炭粉进行过滤，这样除了原始味道以外，各种杂味交织在一起，口感非常好。

（4）无过滤生原酒。

总之就两个字——浓醇！

就像名字描述的那样，“生酒”+“原酒”+“无过滤”=“无过滤生原酒”。可以说这种酒就是个“混搭大王”。无须入火，无须加水，也无须加入活性炭，浓醇的要素全部保留而进行加工，可以说它的味道与“清爽口烈”完全相反。如果想喝最纯粹的日本清酒，那请你锁定这种酒精度数高、口感又浓厚的无过滤生原酒。喝的时候可以加一些冰，冰慢慢融化的过程与加水是一个效果，目的是要变得更容易喝一些。

（5）山废＆生酛。

古法酿造、乳酪般酸味、像葡萄酒一般女性皆宜的日本清酒！

自古以来，在生产日本清酒的时候都会使用桨（这是一种为了让船划行而使用的长棒，长棒的前端会更宽一些），因为只有使用桨才可以将大米混在一起搅拌、融化，并最终使之发酵。这个作业过程便是“山卸”，一直以来酿造“生酛”也是使用这种方法。这个过程可以使自然存在的乳酸菌不断增加，同时也可以抑制杂菌的繁殖。但是“山卸”的过程会花费大把的时间，并且会耗费人们大量的体力，所以大家会觉得很辛苦，经常被搞得精疲力竭。

鉴于此，那个时候的人们便不断探索，终于发现了一种替代“山卸”的方法，而这种方法同样也能使乳酸菌不断繁殖。

于是人们高呼："太棒了！终于能把山卸废弃了！"这个方法就是"山废"。与必须要拼了命地使用桨才能完成的"生酛"相比，使用这种方法简直是太幸福了！自然的乳酸菌也可以源源不断地培育增加，这也是一种独具特色的制造工艺啊。

随着时间的推移，这种制法已经不再是培育繁殖乳酸菌，而是只添加乳酸了，因此这种制法也被称为"速酿"。其实现在一般都使用这种方法，只是在酒的标签上未必注明而已。在一些"生酛"和"山废"的标签中，或许写着"我们与普通的酒略有不同"这样的话才更贴切吧。

"山废和生酛"与"速酿"相比，显然是一种需要花费大量时间和精力的工艺，两个加在一起差不多占到日本清酒总量的两成。而现如今崇尚手工工艺的匠人不断增加，这种使用最复杂制法的日本清酒的产量也在不断上升。

那在味道上会有何不同呢？

要问"速酿"与"山废和生酛"在味道上有何不同，显然在自然作用下产生乳酸菌的后者给人的味觉会更丰富一些。不但有新鲜的味道，还有浓厚的感觉（就像是在饮料中加入类似养乐多的乳酸菌，会给人以浓厚味道的印象）。

当然，更专业的人士肯定会问到：“那生酛和山废有什么区别呢？”

这个问题还真挺难回答的。就连很多从事这个行业的工艺者听到这个问题，都会很干脆地回答：“味道区别？没有区别啊。”而如果深入研究的话，使用同种大米制成的“山废”和“生酛”藏酒几乎没有区别，因此比较它们真的是一件很困难的事情。如果非要说有什么区别，那只能是山废的浓厚味道会稍强一些。但是如果简单记忆，也就是本着本书想表达的宗旨来说，知道生酛和山废的味道基本差不多就已经足够了。

生酒＝酸酸爽爽又清凉的感觉，给你一种新鲜的味道！

原酒＝香甜浓烈，厚重典范的代表！

无滤化＝五味杂陈，口感带劲，颜色泛黄的神奇清酒！

无滤化生原酒＝总之就是浓醇！

山废＆生酛＝古法酿造，蕴含乳酪般的酸味！

以上给大家介绍的就是通常所说的“制作工艺”。类似“是纯米还是本酿造？”“是吟酿还是大吟酿还是其他”这样的问题，我在基本篇中给予了解答。大家可以把这些内容作为入门级知识先记下来。

接下来要给大家介绍的“榨出”“淀络”“冷卸”，与其说是制作工艺，不如说现在已经变成了酒的名字。对于味道的影响，我们也只能说“说它有，它就有”。和大家说句实话，这也就是为了日本清酒能够更好卖，作为打开市场的一环而取的名字罢了。

知道这几个词说明翻译能力提高了，不知道也没关系。

对于一个一遇到不认识的词头就会立刻变大的人来说，只需记忆选择到目前为止所讲的基础词汇，然后快速阅读这本书就可以了。而如果有朝一日你已经习惯了喝日本清酒的话，不妨回过头来再好好品味一下这本书。

（6）榨出、中取（中汲）、上极。

榨出、中取、上极分别对应新鲜、平衡很好、喝下就有反应的酒。

这三种是指在酿造日本清酒的后半程，通过榨取酒糟（大米发酵之后的液体）而将大米和日本清酒分离的过程，并且依据它们所处的不同阶段而区分出来的三种酒。

首先，开始搅拌的过程就是“榨出”。在这个过程中并不需要给予很大压力就能制作出来的日本清酒，会带有特别的新鲜味道。

中间的“中取（中汲）”是指没有任何杂味的中间味道，可以说味觉平衡保持得非常好。

最后的“上极”事实上是要给予很大压力才能制作出来的日本清酒，因此它是杂味最多的酒，是三种酒当中喝下去最有反应的。

一般的日本清酒应该是将这三种混合后味道变得均匀，未必会以一种不同于其他商品的新品种而上市销售。但是我们却经常有这样的感觉：喝“榨出”的鲜榨酒，感觉无与伦比；虽然不太懂，但如果看到写着“中取”就一定会是好酒吧。可以说这便是经营者营销战略的成功，这样一来，这些酒便可以一路畅销了。

（7）淀络＝薄浊＝真澄酒。

白色混浊，味道独特！

所谓“淀”，就是非常小的米渣以及酵母残骸等微小颗粒的统称。一般都会将日本清酒中的这些小颗粒清除干净，但如果这些小颗粒保留了下来就是“淀络”。由于附带有这些残留小颗粒，所以感觉上是有一点混浊（薄浊）能看到小薄片颗粒。

其实，淀络、薄浊、真澄酒在制作工艺上多少还是有些区别的（依据过滤网孔的粗细等），但在这里我们暂且认为它们基本上就是相同的。

（8）冷卸。

以前的酒一定要做到味道可口，但是现在即使无视这一点也没关系吧？

一般都会在冬季酿造日本清酒。大多数会从春天到夏天把“入火”过一次的日本清酒安放在酒窖中，等到秋天的时候把酒拉出来，经过再一次的“入火”之后才可以上市销售。如果没有经过这两次“入火”，而是以冷冷的状态直接拿给经销商销售的话，就是我们所说的“冷卸”。

但现如今的“冷卸”却早已是什么样的都有了。甚至有“入火”过两次而生产出来的酒还以“冷卸”的名义在市场上销售。但是究竟有没有冷卸，由于并没有明确的规定把控，导致现在的情况是无论酒商怎么说，大家都只能都相信。

然而真正按照老祖宗的要求而酿造的“冷卸”口感光滑、味道可口，这才是真正意义上的好酒！但可惜的是，每当我们喝酒的时候并没有判断是否是真正“冷卸”

的检测方法，于是我们也只能一概不管，告诉自己遇到“感觉不对的”就不喝了，仅此而已。

作为消费者，每天面对着铺天盖地的宣传信息，对这些酒的名字难免会产生混乱的感觉。但是从经营者的角度来看，从同一个大桶酿造出来的酒可以变成“榨出”“冷卸”“淀络”等各种各样的品牌的好处就是大大提高了酒的溢价空间，同时也降低了滞销的风险。

（9）古酒、熟成酒。

耐人寻味、沉醉于香的好酒！

按照日本清酒业界的定义，所谓“古酒”就是从入瓶开始计算至少经过一年的酒。但事实上如果只是一年就称为“古酒”的话未免年头也太少了，甚至很多酒在味道上根本就没有发生任何变化。

还有一种日本清酒泛着薄薄的淡黄色，甚至有一些稠糊状，这种经过熟成的酒被称为“熟成酒（长期熟成酒）”，这种熟成酒与古酒相比还是有很大区别的。从最初的酒变为味道明显加深的熟成酒，一般需要五年左右的时间。我有预感，这熟成酒从现在开始肯定会越来越受欢迎。

榨出、中取（中汲）、上极＝新鲜、平衡很好、喝下就有反应的酒。

淀络＝薄浊＝真澄酒＝白色混浊，味道独特

冷卸＝以前的酒一定要做到味道可口，但是现在即使无视这一点也没关系

古酒、熟成酒＝耐人寻味、沉醉于香的好酒

7. 仅供参考！“日本清酒的度数”是什么

“日本清酒的度数”一般会在标签上标明，也就是表示日本清酒所含糖分的数字。就一般的感觉而言，数字为正数往往口感会更甜一些，但事实却恰恰相反。负数的是口感甜的日本清酒，而正数则是口感非常烈的日本清酒。中间的取值范围大家一定记好，定为“-1.4～+1.4”，大概的甜度和烈度你可以想象出来吧。

说到这里突然想起来了，之前给大家介绍的适合女性和菜鸟喝的会起泡泡的日本清酒“铃音”，它的日本清酒度数是“-90～-70 度”。一看到这个度数大家就应该知道这是一种具有超甜口感的日本清酒了。

说到这里，大家都明白日本清酒的度数终究只是一个大概标准。即使度数为负数，如果酒精度数很高的话同样会给人酒很烈的感觉。由于有很多喜欢口感强烈的消费者，所以现在有很多日本清酒把度数调整为正数。

日本清酒的度数＝含糖分的大概标准。正数一般口烈，负数一般口甜。

8. 再给大家介绍一个概念——“BY”

在日本清酒的标签上，你有没有见过 24BY、22BY 这样的英文字母呢？BY 实际上是 Brewery Year 的英文缩写，也就是代表酒的酿造年份。24BY 意味着平成 24 年酿造，22BY 则表示平成[①]22 年酿造。虽然并没有明确的规定需要记载酿造年份，但现在都流行这样写。

但此处经常被误认为米的收获年份，而事实上即使使用若干年前的大米，只要是今年酿造的，都会写上今年的年号（不过也有例外，产自新泻的一种叫“根知男山”的日本清酒，由于米的特质，基本上都是收获当年就酿造）。

那么是不是BY年份越久远，代表熟成的时间越长呢？

这种说法基本是正确的。也就是说存在这样一种很大的可能性：经过长时间熟成的酒的味道比新酒更美味。

除 BY 外，还有一项必须记录在标签上的就是“制造日期”。制造日期就是装瓶后上市的日期。也就是说，

① 平成是日本第 125 代天皇明仁的年号。

“BY”是真正意义上日本清酒的制造年份，而标签上记载的“制造日期”是装瓶上市的日期。举个较为极端的例子，使用5年前收获的米在3年前酿造，经过3年的熟成后于今天装瓶，那么标签上的“制造日期”就应该是今天（像这种情况，BY就应该写3年前的年份）。

为什么此处如此复杂呢？说到底是征税的缘故。

因为日本清酒从出窖到上市期间都是需要缴税的，为了明确日期，所以国税厅规定必须在标签上记录“制造日期”。这就是我想向大家解释这些数字的由来的原因，其实大家不需要特别在意这些问题。

BY＝Brewery Year的英文缩写，也就是酿造年份。

9. 轻松搞定各种日本清酒之“一字分解对应表”

由于我想尽可能地给大家讲得简单些，所以我对自己的要求还是蛮高的，总是力求介绍得简单明了。但是我想大家应该已经十分清楚什么是“翻译能力”了吧。

从以上介绍的这些制作工艺中选出一种自己喜欢的，并且能十分准确地告诉店员。为了能做到这一点，我把应该知道的要点列举出来，并且进行了分组，在后文中给大家作了总结。稍微有一点复杂，请在脑海中好好整理一下。

- 第 1 组“米的原味”——纯米酒、纯米吟酿、纯米大吟酿。
- 第 2 组“香气十足”——本酿造、吟酿、大吟酿。
- 第 3 组“味道变化很大”——生酒、原酒（无滤过生原酒）。
- 第 4 组“古法酿造的浓香”——山废、生酛。

分解一下的话应该是有 4 大组，9 小类。如果把这些都装入你脑海的话，无论走到哪里都准能挑到最好喝的日本清酒。因此为了将这 9 种对应的各自特点整理好，依据其各自的工艺，我独创了一个“一字表”，在后面给大家展示出来（但如果你还指望着像介绍葡萄酒那样出现用美女来形容清酒的话，或许你会失望了）。此处只是按照酒各自的味道来对应藏酒的位置和特点。

（1）特定名称酒。

纯米（源）：日本清酒的历史事实上是从纯米酒开始的，也就是一切日本清酒之源。

纯米吟酿（颜）：这类藏酒的代表，是可以成为名片的好酒。

纯米大吟酿（顶）：此乃这类藏酒的无敌至尊。

本酿造（爽）：总之就是超级清爽！

吟酿（香）：吟酿的香味会沁入鼻中。

大吟酿（薰）：无敌浓香。经过特殊技术工艺酿制而成，让人沉醉。

2．制作工艺。

生酒（果）：具有水果一般的香味。

原酒（浓）：一种饱含浓香的好酒。

无滤过生原酒（超浓）：用一个字很难准确形容，此酒乃日本清酒界中的混搭大王。

山废＆生酛（旨）：如果想知道什么才是真正的美味？那就喝这种酒。

10. 当你回答“喜欢什么啤酒时”，瞬间就可以知道你喜欢哪种日本清酒

这里再向大家介绍一种可以鉴别出你喜欢哪种日本清酒的“奇葩”方法。

要说到的是大家的老朋友——“啤酒”，一提到啤酒你也知道它的味道也是有多种多样。对于啤酒的口味，大家也都有自己的喜好。有的人会说：“我喜欢舒波乐。”有的人会说：“要说奢侈的美味还得是惠比寿”当然最近喜

欢 YONA YONA ALE 这类手工制作啤酒的人也不在少数。

大家有各种喜好是有其原因的。有的人追求鲜味、有的人喜欢口淡一些，而有的人会钟情于浓烈的味道……其实归根结底，日本清酒和啤酒也是一样的。

“先给我来瓶这种啤酒。”每当我们听到这样的话，如果能从其喜欢的啤酒推断出喜欢什么日本清酒就太厉害了！掌握了这种技能后，我们可以尝试在饭局中假装若无其事地说出来，想必一定会将聚会的气氛推向高潮。

- 最中性的啤酒“百威”——本酿造酒。
- 可以痛快畅饮的“朝日舒波乐”——纯米酒。
- 最佳餐中酒“麒麟一番鲜榨”——清爽纯米酒。
- 有浓烈味道的“惠比寿”——熟成生酛。
- 稍微有点口浓的“超级麦芽香醇”——清爽生酛。
- 果味比利时啤酒——吟酿系。
- 钟情浓烈和香味的“YONA YONA ALE”——无滤过生原酒。

注意：

- 制造工艺对味道影响最大的酒是“生酒”，其次是“原酒”。
- 日本清酒度数以-1.4～+1.4 为范围取值。

美味日本清酒的“挑选方法”

1. 酩酊大醉前，能否品尝点好酒

正如之前介绍葡萄酒时讲的一样，一般喝酒都是从比较低端的酒开始，然后慢慢追求更高品质，导致酒的价格也在不断上升，到最后都要尝尝最贵酒的滋味。酒要越喝越好，不断追求高品质，我想这应该是每个人自然而然的想法吧。

但如果不遵守这种“由低端到高端”的顺序，也是可以喝到美酒的。要说日本清酒中最贵的酒，那应该就是纯米大吟酿了。在喝酒的后半阶段，整个人都有些醉意的情况下味觉也会变得迟钝起来，在这个时候即使喝很细腻的酒，也很有可能品尝不出它的美味。因此，尽可能地在味觉非常敏感且有判别力的时候，也就是在喝酒的前半程或者中间的阶段喝到一些好酒，就会感受到那绝妙的味道。

如果是已经有了醉意或者是喝餐后酒的话，那不妨来一些类似无滤过生原酒那样味道带有冲击感的酒。

而如果在此时并没有醉意的话，还是喝一些细腻的好酒吧！

其实不仅是日本清酒，我想只要是喝酒都应该好好记住这一点。

2. “烫酒”的种类虽然有很多，但真正应该记住的只有“上烫”

说到烫酒，虽然难以琢磨，但绝对不只是大叔们的专属。谁都可以品尝享用，这才是日本清酒的妙趣。

日本清酒是一种由于温度不同而能给人带来味觉上无限变化的酒，这一点让人乐在其中，也是葡萄酒无法比拟的。葡萄酒一般在冰箱冷藏的 5℃到常温的 18℃这个大致范围之间，而日本清酒由于可以“烫”，温度和味道的范围可就大大拓宽了。

但是，围绕“烫酒”却有很多令人哭笑不得的误解。

第一个误解是“为了能让难喝的酒尽量好喝一些，

还是烫一下吧”。

确实在以前“烫酒＝马上就要沸腾的热酒”，不可否认，这种热度很大程度上冲淡了那种难喝的味道。年长的人几乎都有“烫一下可以冲淡难喝的味道”这种印象，我想这都是他们烫的温度太高太快的缘故吧（由于很多人都习惯于把酒烫到马上就要沸腾才喝，而如果给他们一般的烫酒，他们反而会说“太温了”）。而在年轻人当中，特别是在他们的学生时代，三五成群地相聚在超低档居酒屋，或许也都有不烫一下就不喝的习惯。

如今，在有一些有档次的居酒屋，不是热乎乎就不能喝的难喝的日本清酒几乎已经绝迹了。因为最原始的日本清酒如果好喝的话，即使烫一下也是会很好喝的。

第二个误解则是对“烫酒”这个称呼的误解。如今大多数人一提到“烫酒”就会认为其等同于“热烫”，其实这种想法是错误的。热烫只不过是形容温度的。而说到烫酒，则依据温度的不同有各种各样的名称。虽说至今仍有些商家只在菜单上写着“热烫”，但可以负责任地讲，他卖的绝对不是地道讲究的日本清酒！其实对于烫酒温度的把控要求是非常精细的，所以像这种没品的店，我是绝对不会推荐去喝烫酒的。

依据烫酒的温度不同，名字也会不同。具体请看下面的介绍：

日向烫——30℃（大约是日照下30℃的样子，就像夏天一样）。

人肌烫——35℃（稍稍比体温低一点的温度）。

抹烫——40℃（一般来讲，纯米酒如果达到这个温度都会被称为极品）。

上烫——45℃（最中间的温度，正合适的温度）。

热烫——50℃（经常被称为“浓情热烫”，意思是已经烫到了足够的温度）。

飞烫——55℃（这个需要用酒壶，可以说是烫到了温度的顶点）。

在这些烫酒的温度中，我希望你记住的只有“上烫”。也许听起来比较难以理解，但这个温度适合任何酒，可以说是一个最标准的热度。在店里的时候，我经常听到客人说“麻烦烫一下酒”。但要求最多的是“热烫”，而每当我听到“上烫”这个要求时，我马上就知道他肯定是个行家。要是男性提了这个要求自然说时他很懂行；而如果是女性提的，那真得刮目相看了。

还有一个误解也是与温度有关，那就是很多人认为

“凉酒就是经过冷藏的酒”。“凉酒”的本来意思是指常温的酒。由于以前没有冰箱，所以常温的酒与烫酒相比就成了“凉酒”。

那么经过冰箱冷藏的酒应该叫什么呢？这种应该称为“冷酒”。这么一说感觉像说绕口令一样难以分辨，所以在点酒的时候请一定留意它们的区别。

日本清酒适宜烫烧温度表

你喜欢的日本清酒	适宜烫烧温度
①“无滤过生原酒”	冷酒（花冷）10℃左右
②“清爽型生酛·山废”	日向烫 30℃左右
③“熟成型生酛·山废”	抹烫 40℃左右
④“(纯米但非原酒）吟酿”	冷酒（雪冷）5℃左右
⑤“本酿造”	人肌烫 35℃左右
⑥“清爽型纯米”	上烫 45℃左右
⑦“香甜无过滤生（含原酒）”	冷酒（花冷）10℃左右
⑧“日本清酒精度数为负的纯米酒”	日向烫 30℃左右
⑨“黏稠熟成酒”	无须任何处理到热烫都可以

3. 烫酒其实不容易让人醉

如果喝了好几杯日本清酒，基本上温度都是“从冷到热”。为什么会这么说呢？因为和食基本上也都是这个过程，先吃生鱼片、刺身，再吃煮的食物及烤的东西，差不多也是“从冷到热”。

食物的温度能够与酒的温度完美结合，才是厨师们追求的真谛。在一些超一流的餐厅，会根据特定一种日本清酒温度的变化来打造整桌菜品，由此来展现其美妙的创意和精湛的厨艺。不用说根据酒的品牌烫到适宜的温度，为了保证与室内气温和食材相匹配，就连“服务员来回餐桌的次数”都要经过精确计算。像这种有专门“烫酒服务员”的餐厅有很多。

还有一种是说法是针对大吟酿的，说是“如果烫一下大吟酿，那么它的香味就会消失”，这一点也达成了广泛共识，这其实也是由酒的温度和品牌决定的。事实上也的确有由于温度的缘故导致美味消失的酒，所以为了不因此而扫兴，请一定对服务员嘱咐一声“麻烦请烫到适合这种酒的温度就可以了”。如果遇到无论怎么烫都没有适合温度的酒，也应该提前告知。

烫酒可以让人的身体变暖，是十分健康的饮酒方式。由于和体温比较接近，也可以加速对酒精的吸收。如果感觉有点醉了也比较容易自己控制，可以说不容易喝醉是烫酒的一个优势。所以对于刚开始喝酒的人来说，记住“酒要烫一下”这一点是十分必要的。

注意：

- 高档酒请尽量在不容易喝醉的前半程饮用。
- “凉酒”是常温的（冷藏的酒称为“冷酒”）。
- 日本清酒的温度和吃饭差不多，基本都是“从冷到热”。

日本清酒与和食的简单搭配法

最初的日本清酒，是被定义成餐中酒而酿造出来的。可以说不管是什么餐，搭配日本清酒都是很容易的，和食自然更不用说。

但在搭配过程中，有一条规则是必须要遵守的。那就是看上去很难搭配的时候千万不要强求，即使你搭配上了也不会是完美的，这个时候或许你只能以带有典型日本人特色的“调和”作为目标。之前已经向大家介绍了葡萄酒会有“酒桶的香味”“皮革般的味道”这样的杂味。但日本清酒却没有这些杂味，因此将酒与食物完美结合的这种设想往往很难实现。而且，无论是日本清酒还是和食都可以说是特别讲究，硬生生地把它们结合在一起反而可能事与愿违，到时候两边的味道都破坏了反倒得不偿失。

那究竟怎样“调和”才好呢？

简单来说就是可以将相似味道、相似温度的进行搭配，让酒和食物在口中发生化学反应，带来味觉的升华。

如果是出汁多一些的饭菜，可以配一些同样口感比较强的日本清酒。而对于使用酱油做的饭菜，配一些经过熟成的、有香喷喷味道的酒或许更好一些。反之，像刺身、生鱼片这样的料理，就绝对不能用香醇浓烈的酒来进行调和。

同样，日本清酒的温度也可以同食物的温度进行搭配调和。就像刚才提到的，像在吃开胃菜或者生鱼片这种比较凉的食物时，可以喝一些冷酒或凉酒。而如果是煮的东西或者是烧烤类，在后半程可以喝一些烫酒。这样说是不是感觉很简单呢？

日本清酒，乃自古传承下来的珍品。因此，如果在饮用的时候本着“以和为贵”的精神就肯定不会错，这一点请大家一定要记住。

日本清酒与和食的“四季搭配模板”

因为日本清酒是餐中酒，所以可以试着与四季任何时候的餐食搭配饮用。不过切记在举杯言欢的时候，不要忘记加柔水。

春

第 1 杯……低酒精浓度的气泡酒
让我们举起可以刺激其食欲的气泡日本清酒，干杯！

第 2 杯……春山菜和真澄酒（＝薄浊·淀络）
浓郁味道的酒搭配苦味的山菜，简直是绝配！

第 3 杯……日向烫的纯米酒
由于外面还是很冷，为了让温度上升，请配上若竹煮一起享用！

第 4 杯……含酸的白麹酒或者是酵母葡萄酒配上鲭鱼
特别的酸菌会刺激我们的食欲。

第 5 杯……柔和的甜口酒
毫无疑问，还是“村祐”这种永恒不变的老牌子！

夏

第 1 杯……经过长时间冷藏的轻型吟酿酒
请一饮而尽！从冰箱拿出来就直接饮用！

第 2 杯……经过长时间冷藏的生酒搭配盐烤鲇鱼、夏季蔬菜
和餐食很难搭配的生酒，即使冷藏也没关系！

第 3 杯……稍稍提高下温度的低酒精夏酒
现在很流行在夏季饮用低酒精浓度的日本清酒。

第 4 杯……夏浊酒
浊＝美味！特别是与肉搭配再好不过！

第 5 杯……无过滤生原酒
推荐加冰。当冰融化的时候自然可以起到加水的效果。

秋

第 1 杯……轻型吟酿酒

秋季的日本清酒，一定要先饮用香气很浓的吟酿酒来打头阵！

第 2 杯……各种各样的小碟搭配纯米酒

用茄子、芋头、银杏等来搭配！

第 3 杯……秋冷卸

一定要在这个时候来一杯古法醇香的冷卸！

第 4 杯……回味无穷的清爽型生酛

搭配类似香菇这种具有出汁美味的食物饮用！

第 5 杯……上烫过的轻熟成生酛

出门的话，浓郁的生酛是可以保持温度的！

冬

第 1 杯……香气袭人的“榨出”

肯定一边说“这是今年新出的好酒”，一边呈上。

第 2 杯……本酿造系

从刺身到节日食物，这酒什么都可以搭！

第 3 杯……强身健体的纯米酒

搭配富含脂肪的海鲜、生猛的活蟹时饮用简直是太棒了！

第 4 杯……上烫的浓厚生酛

和用酱油而制成的煮物搭配饮用。

第 5 杯……有稠糊的熟成酒

作为餐后酒可以慢慢享用。

……现在是不是有想要马上喝一杯的冲动呢？

切记不要买错在家饮用的日本清酒

在气氛特别好的餐馆喝日本清酒，这种感觉自然不言而喻。而如果谁都不用理，就自己一个人悠闲地在家中，看着电视喝点小酒也是十分惬意的。而说到日本清酒，大多数人认为主要是在晚餐时饮用，这其实是不正确的。任何时段吃东西都可以配点可口的日本清酒。毕竟吃烤鱼、凉拌菜、土豆炖肉时搭配葡萄酒也不太合适。

那么接下来我就介绍一下究竟该如何选择在家饮用的日本清酒。

商家不同，所售日本清酒的种类也是有很大区别的。像在一些便利店和小超市，说实话顶多也就是卖一点"能够喝醉就好"的酒而已。因此，请尽量选择一些有专业服务员的商店买酒，哪怕多走上两步也值得。在一些老街的酒屋和大超市中的酒柜台，都会有比较专业的人员与你交流，所以说在这些地方买酒还是比较不错的。就像第 139 页介绍的那样，你直接向店员说出自己喜欢的酒的类型就可以了，与在餐馆点酒没什么两样。

我们的目的就是避免在没有专业店员的店里买到不该买的酒！听起来比较绕，但记住这句话太关键了。

1. 在标签醒目位置上写着“米的名字”的情况很可疑

首先，如果是 1000 日元左右的日本清酒，工艺和成本不相称的“纯米大吟酿”和“大吟酿”最好别买。如果硬要选择精米步合不高的酒，只有专家才能保证不看走眼。

其次，如果是在标签的醒目位置大大写着“米的名字”，这种酒也可以直接淘汰了。过分看重米的作用，就有可能意味着制造工艺不够精细。比起这种酒，那些没写“米的名字”，却写着“生酛工艺本酿造熟成生原酒”这种长长的名字或者类似“无与伦比的制作工艺”这样的话反而更能打动我们，值得信赖。说到这肯定会有人有不同意见，特别是对于推崇“山田锦”的人。他们认为“山田锦”可不是这样，这酒绝对没的说！

还有一点，尽量不要买价格便宜的“滩”和“伏见”。作为日本清酒的两个著名产地，滩（位于兵库县）和伏见（位于京都）就像葡萄酒的那些法国著名产地一般被人熟知。而如果比起买便宜的“滩”和“伏见”，选择一些产自北陆或者东北地区的普通酒反而性价比会更高（例如“吉乃川”等）。

最后，对于想喝酒的人来说，没时间去居酒屋也没什么大不了的，给大家一些建议，当你真的不知道买什么酒好时，可以去超市或者便利店找“八海山”“吉乃川”“玉乃光”这三个牌的酒。

2. 说到酒的奖项，其实除了葡萄酒以外都不用太在意

每当逛酒屋的时候，你或许都会看到像葡萄酒一样写着“获××大奖”的日本清酒。说实话，日本清酒获的奖与葡萄酒不太一样，基本可以无视。

为何会这么说呢？其实日本清酒的各种奖项评比就好似 F1 大奖赛一样，都是在极致状态下的较量。像日本清酒界的杜氏技术评比大会，就绝对称得上是业界精英的比赛场。

而对于习惯了在 F1 赛道上奔驰的赛车来说，如果在

普通公路上行驶肯定会觉得不舒服，没过多久就会有厌倦的感觉。而比起 F1 赛车，像丰田、马自达，还有高端一点的雷克萨斯，这种为了驾驶安全舒适而设计的普通轿车反而会更受大家的欢迎。

说了那么多车的例子，其实日本清酒也是一样的。杜氏技术评比大会所追求的味道，肯定与市场上销售的日本清酒的味道有很大不同。说到头，日本清酒的各种奖项就是评比各种极端味道的，类似“从大米中提炼出果香”这种“奇葩”味道等。而如果说你真为了在吃饭的时候能够配口好酒的话，还是建议你不要选择写着“获××大奖”的日本清酒。

当然，现在日本清酒的趋势和葡萄酒一样，不是针对行家里手进行评比的奖项越来越多。在这些奖项当中，我们不排除有一些是规规矩矩评选出来的，但如果在卖场看到写着“××选评会金赏”这样的标语，那你想都别想，直接无视就可以了。

3. 那些很麻烦的日本清酒配菜该怎么办呢

前文中，我已经向大家介绍了“四季搭配模板”，事实上日本清酒的搭配饮食和葡萄酒是完全不同的，因为日本清酒的搭配饮食基本上都是自己在家中制作出来的。刺身可以买回来，鱼可以自己烧，就连那些煮物不也都是家庭的味道吗？所以说喝日本清酒的话，最适合的就是与那些普通的家庭配菜一起享用。

但是，如果都是自己来做确实有时候会很麻烦，所以不妨尝试买一些罐头，比如柳叶鱼、红烧猪肉、扇贝等。如果可以的话，也需要像卖罐头商店那样进行一下分类，比一般罐头贵一两百元的罐头味道也肯定不同，我们只需要将这些罐头直接放到盘子里就可以了（如果需要热一下的话可千万别直接在罐头里热）。当然，如果这些罐头能直接在便利店就热好就简直太方便了！

而如果想搭配一些乳酪，米摩勒特显然是绝配。

其实，还是与含有大米的煎饼系列搭配不会出错。无论是龟田制点的“柿种”，还是栗山米点的“笨蛋点心”，还是乳酪年糕界非常有名的波路梦，这些基本上都是出自新泻的企业。在此，特别建议你用这些美食搭配新泻的日本清酒一起享用。

注意：

- “1000 日元左右的大吟酿系列”“在标签的醒目位置用大字写着米的种类”“价格便宜的滩和伏

见”，这些酒统统不要买。

- 不知如何选择的话，就买八海山、吉乃川、玉乃光吧。
- 米摩勒特与日本清酒一起享用是绝配！

酒匠山口君的推荐！
“不容错过的名藏元”列表

已经了解了自己喜欢的“制作工艺”，也已经品尝了很多相似的酒。但或许你可以偶尔试着从不同的视角去选择好酒！正因如此，最后让山口向你推荐一些有故事的著名酿酒厂吧！

◉ 想喝年轻工匠制作的日本清酒！

① 宝山酒造　代表品牌“宝山”
新泻县新泻市

被称为“杜氏人生一筋”的功绩，也曾被授予“黄绶褒章”名杜氏称号的青柳长氏酿造是出自新泻的一个小品牌。他的传承人叫渡边桂太，毕业于东京农业大学酿造专业，将青柳长氏的技术传承了下来。渡边桂太的酿酒技术既传承了古老制作工艺，又加入了年轻人的新的制法。在不远的将来，我想这肯定会是一家广受欢迎的酿酒厂。

② 新政酒造　代表品牌“NO.6”
秋田县秋田市

新政通称“NO.6”“蓝碧石”“深米色”等，标签时尚、口感柔和，也有很多适合女性朋友饮用的知名品牌。现在由一个将近40岁的酿造师（东京大学毕业）带来了改变，那就是让最初的酵母、六号酵母复活，将酒变为纯粹的纯米酒。“NO.6”中的6代表着“六号酵母”。

◉　想喝使用本地大米和酵母酿造出来的地道“地酒”！

③ 渡边酒造店　代表品牌“根知男山”
新泻县系鱼川市

在本书中介绍过，其实米对日本清酒的影响并不是很大，大多数的情况都是如此。而这家渡边酒造店生产的日本清酒却将“用大米作为原料”这一点发挥到了极致，将品种和酿造方法的不同清晰地表现出来，这样的藏酒为数不多。如果这样的日本清酒不断增多，全世界对日本清酒的评价也肯定会再上一个台阶！

④ 尾畑酒造　代表品牌“真野鹤”
新泻县佐渡市

这是一家保留佐渡当地风土特色的著名酿酒厂，同时还不断进行着各种创新，包括采用新酵母、开拓海外市场等。它最大的特色是将有着“日本最美夕阳”美誉的一所废弃小学改造成了酿酒场，并称之为“佐渡学校酒厂项目”。打造出的这个全新酿酒厂就好似精心设计的舞台一样受到了广泛关注。

---

⑤ 富美菊酒造　代表品牌“羽根屋”
富山县富山市

此酒厂一直以来本着“所有的酒必须以大吟酿的标准去酿造”这一理念，从未妥协。这家酒厂的酒绝对是那种尝一口就能确认出自谁家的，它的每一道工序都是极其认真的手工作业，因此人们口口相传也就不足为奇了。日本清酒一般都是只能在冬天进行酿造，而这家酒厂已经实现了一年四季都可以制酒的奇迹。正因为将作业分散到了四季进行，时间精力都很充裕，所以每一滴酒都可以保证品质，都是用心酿造出来的。

◉ 想喝口感更强烈的日本清酒！

⑥ 美川酒造场　代表品牌“舞美人”
福井县福井市

这家酒厂采用最传统工艺的“和釜”对生产的全部酒来进行蒸发，并用最原始的“木槽”来榨取，这种制作工艺现在已经很难见到了。由于将酸度充分地体现了出来，所以是好是坏一下就能很清晰地分辨出来，可以说只要喝过一次这种酒就绝对会被它征服，从此以后再喝什么酒仿佛都没有了感觉……

◉ 想喝山口君最推荐的酒！

⑦ 村祐酒造　代表品牌“村祐”
新泻县新泻市

这绝对是山口君最推荐的酒厂！其实什么都没必要说，如果就是想找好酒的话，那么请选择这家！这是一家原料米、精米步合、分析值等一切信息都不公开的酒厂。由于精米步合未公开，所以也不能冠以特定名称，但是这家酒厂一直本着以“味道决胜负”的理念兢兢业业地酿造美酒。特别是他家平衡度极好的无过滤生原酒，真的是值得一试的佳品！

餐馆饮用篇

1. 找到自己喜欢的制作工艺

煎鸡蛋和下午三点的下午茶你都喜欢什么？（第 137 页）

2. 是自己选择还是请店员推荐？

（可以依据第 139 页找到结果）

“我喜欢××，有什么可以推荐的吗？”

你喜欢的日本清酒
①“无过滤生原酒”
②“清爽型生酛·山废”
③“熟成型生酛·山废”
④“（纯米但非原酒）吟酿”
⑤“本酿造”
⑥“清爽型纯米”
⑦“香甜无过滤生（含原酒）”
⑧“日本清酒精度数为负的纯米酒”
⑨“黏稠熟成酒”

3．如果已经习惯了……

A．挑战一下示范模板

B．试一下山口君的推荐（第 182 页）

C．试一下相近的种类（请看下图）

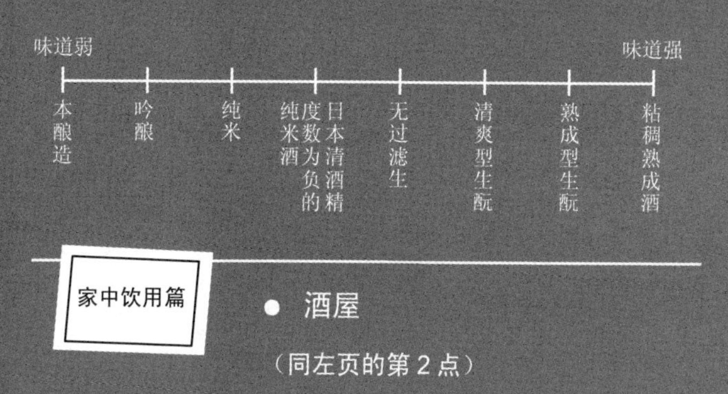

家中饮用篇

● 酒屋

（同左页的第 2 点）

● 超市、便利店

1．在标签的醒目位置用大字写着米的种类

2．1000 日元左右的大吟酿系列

3．价格便宜的滩、伏见

↓

第3章

美味鸡尾酒的挑选方法

Cocktail

总想去酒吧，但无论如何又都不能去

1. 酒吧的“基本游戏规则”

每当吃饭时，美味的葡萄酒或者日本清酒下了肚之后，总有些意犹未尽的感觉。但是肚子确实已经饱了，因此喝酒的趣向似乎有了改变，总有一种想喝点其他酒的感觉……

每当有这种感觉的时候，不妨去酒吧喝两口。

在酒吧里，你可以沉醉于美酒之中，你可以和朋友或恋人把酒言欢，你可以听着酒吧里的音乐浮想联翩，你也可以和调酒师开心地聊天。当然，如果和邻桌的人志趣相投，发生艳遇的概率也是很高的。不过在这里还是要提醒大家，如果你是学生就算了，酒吧作为“繁忙一日的终点站”，也只是针对成年人而言。

和朋友喝酒时，提议再去第二家、第三家酒吧的时候，对方不情愿的情况也有很多。

如果能陪朋友一起去酒吧喝两口，自然是一件很开心的事。但是往往酒吧内的灯光过于昏暗，在调酒师面前点酒又总怕被忽悠，所以总感觉进酒吧的门槛还是有点高……

因此，去酒吧的提议会被这些人拒绝也就不足为奇了。

其实这些是可以理解的。在我十几岁的时候就已经成为了一个调酒师，因为与那些成年人交流完全没障碍。酒吧中大人们的样子都很帅，但或许就是因为他们太帅了，反而有点难以接近……

酒吧并不是一个古板的地方。以我的经验而言，作为调酒师只要足够帅就肯定会受欢迎。但也要注意自己的一言一行，要和整个店的氛围相符才好。当然，为顾客多想一些也是不可或缺的。

如果想要做得更好，或许就会觉得门槛很高吧。不过要记住一条最基本的，那就是要让自己开心！

其实你会有很多选择。比如和调酒师聊上两句、展现出一副“不会闲聊”的高冷气质、来一杯独创鸡尾酒，再比如从调酒师身上学点什么……这些都可以。当然，无论是啤酒还是威士忌，再或者是鸡尾酒，你只要喝自己喜欢的就好了。因为酒吧是唯一一个比任何地方都自由的品酒享乐的天堂。

此外，还有一些真正的酒吧（带有真实感）会特意营造出不一样的氛围。作为很多成人的爱好，这是一个在平静氛围中享用美酒的好去处。但如果这些酒吧像居酒屋一样，每天热热闹闹、很多人接踵而至的话，不是反而失去了它特有的风格意境吗？因此，看起来有一点不同的酒吧，往往里面的人都是沉醉于那个环境之中的。在酒吧界有这样一句话："一旦走进看似另类的酒吧，它就会成为你心灵真正的归宿！"这简直是至理名言！

2. 为什么爱逛酒吧的人都钟情于 1000 日元一杯的鸡尾酒呢

"为什么明明可以在居酒屋里就能喝到的鸡尾酒偏要去酒吧点？难道在不同的地方喝鸡尾酒味道不一样吗？"

我想即使是现在，也会有人抱有这样的疑问：为什么明明在居酒屋 500 日元就能喝一杯，非要跑到酒吧花 1000 日元左右（不同的酒价格会有所差别）喝一杯鸡尾酒呢？

对于提出这种问题的人，我想告诉他的是"要忘记学生时代喝的鸡尾酒"。

咖啡蜜配牛奶、黑加仑橘子汁、金汤力、斯普莫尼……虽然不敢妄下断言，但这些出现在学生御用居酒屋无限畅饮菜单和鸡尾酒菜单中的酒，其实并不能算是真正的鸡尾酒，充其量算是一种含酒饮料。都是照着乐谱来弹奏，刚开始学琴的小学生和世界级的钢琴家相比肯定是有很大差别的！就像弹琴一样，照着同样的配方配酒，不同手法调出来的鸡尾酒的味道肯定也会有天壤之别。

特别是那种写在无限畅饮菜单中的标准鸡尾酒，不同手法的调酒师调出来的味道肯定不一样。对应着味道最好到味道最差，价格肯定也是有高有低。就像主任美容师和见习美容师的价格肯定有所不同一样，一定要把“技术费”考虑进去。当然，也不能过于绝对地说“贵的就是好的”，我只是想说酒吧所体现的价值应该就在于此。

而对于一直认为“咖啡蜜配牛奶、黑加仑橘子汁之类的都是孩子们喝的东西”的人来说，一定要尝一尝真正的调酒师调制出来的鸡尾酒，给你的感觉肯定会不一样。

酒吧是一个很自由的场所，真正的鸡尾酒会很好喝。即使明白了这个道理，但还是有很多人一提到酒吧这种地方就会心生芥蒂。如果不是酒吧常客该怎么办？表现得不好该多难为情？会不会被调酒师笑话……

在我的朋友当中，有这种顾虑的人应该也不在少数。往往担心以下两个问题：

①不了解酒吧的规则。

②不知道该点些什么好。

这两点应该是带来困扰最多的。但如果换个角度看，连这两点都解决了的话，酒吧是不是就会变得不再那么神秘，而成了大众娱乐场所。“今天有点时间，咱要不去酒吧？”说出这种话的人应该会越来多。

在这部分首先要给大家介绍的是一些有关鸡尾酒的基本常识，知道了这些就可以说算是了解了酒吧的一些基本套路，同时在和调酒师聊天的时候也不会显得那么别扭了。当然，并不需要大家去死记硬背 100 种鸡尾酒的名字和成分，因为鸡尾酒大多只在名字中体现出最重要的成分，就像黑加仑橘子汁中的黑加仑、金巴利橘子汁中的金巴利一样。这样一来连利口酒（最常见的一种鸡尾酒）的种类恐怕会像星星一样多。所以，如果不是想成为职业的调酒师，想要把每种鸡尾酒或者利口酒的名字和种类都记下来显然是非常困难的，而且也是毫无意义的。

因此，知道这一点就一定不会错！作为一名调酒师，我希望大家一定先记住这一点，然后我再告诉大家怎样去选择鸡尾酒。首先，无论进入哪家酒吧，一开始一定要明确自己的标准，也就是先选择大类。等去的次数多了，就可以点一些独特的、适合自己的鸡尾酒了。我说的这些希望你能记住啊。

3. 遇到以下 7 种情况该怎么办

实事求是地讲，酒吧本身就是一个十分自由的地方，并没有太多的条条框框和要求。尽管如此，每当到了一个新的地方，我们也都会注意一些细节。而往往就是这些细节，我们反而不好意思去问他人该怎样做。我在这里总结了大家比较为难尴尬的 7 种情况，我想如果把这些问题都解决了，那么大家就可以毫无顾忌地在酒吧尽情享受了。

疑问 1：在还没有拿来菜单的时候该做些什么好呢？

现在，基本上绝大多数的酒吧都会事先把菜单放在位子上，但是也有少数看似高级的酒吧没有事先准备。如果没有菜单，就好比进一家没写价格的寿司店，心里多少有点忐忑。问了一句“有菜单吗”，得到的回答却是

“没有”。想必很多人遇到这种情况都会觉得很尴尬，所以如果遇到没有菜单的情况，可以回复一句“啊，没有菜单啊”。

在没有菜单的时候，该如何选择鸡尾酒？或许还是应该在和调酒师交流后再去选一杯自己喜欢的鸡尾酒比较好。你可以在调酒师身后陈列的酒瓶中挑选一个自己喜欢的，然后问“那个是什么啊”，这样做也是可以的。

很多人认为酒吧是懂酒的人经常去的地方，所以并不适合提出太多问题。其实这样想就错了！酒吧的确是一个可以喝到自己喜欢的酒的好地方，但在与调酒师的交谈中或许会碰撞出更多关于鸡尾酒的火花，从而带给自己更大的快乐。

疑问 2：喝啤酒不就挺好的，不喝鸡尾酒行不行？

这完全不是问题！与其说这是个问题，倒不如说在人们的心里都认为，要是很多人聚在一起干杯的话，喝啤酒是很难得的。而如果干杯的酒是大家点的各式各样的鸡尾酒，就肯定会导致每个人上酒的时间不一样，而且只要一喝完就没有了。

疑问 3：喝酒的顺序有没有什么讲究？

在酒吧喝酒，就像喝葡萄酒和日本清酒一样，都是

“由轻到重”、酒精度数“由低到高”这样一个基本流程。再有就是，口甜的、口重的放在最后是否会好一点？

举个例子，在女性朋友中很受欢迎的一种鸡尾酒“蚱蜢”（一种用可可利口酒、生乳酪、薄荷等调制而成的绿色甜鸡尾酒），不但酒精度数高，而且有一种巧克力的味道。如果把这种酒放在酒精度数较低的“诱惑香橙”（桃利口酒和橙子调制而成）之前饮用的话，肯定感觉上太过冲击。

虽然如此，但如果追求“蚱蜢”这种极强个性的话，就没有必要严格按照度数和口感的顺序。而要求从口感较轻的鸡尾酒开始慢慢喝的人也是大有人在，其实这样也挺好的。

疑问 4：鸡尾酒中的樱桃、菠萝等水平可以吃掉吗？

一般来讲，别在茶勺或杯子上的水平是可以吃掉的。但如果不是别在茶勺或杯子上的，往往作为装饰物更多一些，但即使把它吃掉话也不能就说是违反了某些规则。在这里还是要提醒一下，鸡尾酒中的樱桃都被称为黑樱桃，是经过去核儿、砂糖浸泡等过程的，总之就是味道并不是很好，所以基本上没人吃。

像菠萝这类放到鸡尾酒中的水果，基本上都可以吃。

如果担心有些水果有皮的话，找酒吧的服务员要个盘子就可以了（如果不能提供盘子的话，直接将水果皮放到桌上也没关系）。

疑问 5：橄榄核儿该放在哪里比较好呢？

酒吧提供的橄榄一般都会把核儿去掉，但有时候也会使用一些装有辣椒粉的橄榄来配酒，因此有时会出现带核儿的橄榄。遇到这种情况的时候，你可以若无其事的从嘴里把它吐出，如果有盘子的话就把核儿放到盘子上，如果没有的话你可以就像处理菠萝皮一样直接放到桌子上就好了。

疑问 6：这一杯鸡尾酒，究竟喝到什么程度为好呢？

短饮鸡尾酒时最长不超过 10 分钟，长饮鸡尾酒时也要控制在 20 分钟以内。这里所说的“短”和“长”并不是玻璃杯的长度，而是指喝酒的时间。由于不加冰的短饮鸡尾酒的温度在不断上升，所以尽可能在调好之后就喝掉。而长饮鸡尾酒由于加了冰，所以对时间没有太大要求，可以慢慢享用（冰是不是会很快融化就要看调酒师的手法了）。由于短饮鸡尾酒酒精度数都很高，总给人一种应该一饮而尽的感觉。而长饮鸡尾酒的酒精度数一般不会太高。至于该选择哪一种，就要看你对酒精的承受力以及当时的喝酒氛围了。

短饮鸡尾酒

力争在10分钟之内喝掉。
度数比较高，
总给人一饮而尽的感觉。

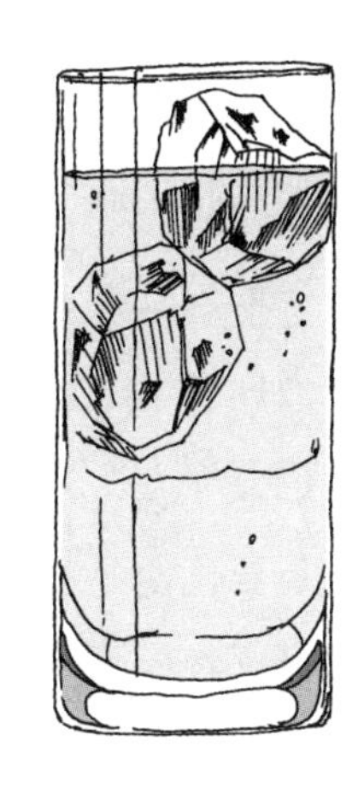

长饮鸡尾酒

力争在20分钟内喝掉。
由于度数较低，
可以慢慢享用。

疑问7：总是希望“让调酒师按照自己的各种想法来调制鸡尾酒”，这样做好吗？

作为调酒师，肯定会按照各种要求来调制鸡尾酒。而当他们面对完全陌生又不提出要求的客人时，往往会依据当天客人的打扮甚至头发的颜色来判断该调制什么样的酒（而在面对穿着一身灰色西服的男性时，这一招显然就不好使了）。说句老实话，这样做还是有很大风险的，所以说能够提出各种要求反而是好事。比起硬着头皮乱猜，还是提一些类似“加点水果，来杯清爽的鸡尾酒”这样的具体要求让调酒师更容易把握，调酒师和客人都会很开心。

如果想调制一杯独具特色的鸡尾酒，首先要找一家能够在最大程度上提供“应季水果”的店。举个例子，比如当你提出“请来一杯猕猴桃调制的鸡尾酒”时，调酒师也会问道“是要一杯口感强的吗”（提出这个问题的目的是要确定是长饮鸡尾酒还是短饮鸡尾酒），随后也会问道“有什么特别喜好吗”……通过这样的交流，两个人便可以共同决定该调制一杯什么样的酒了。所以说在最开始问一句“今天有什么新鲜水果”比较好。

应季水果

- 春——草莓、猕猴桃等。
- 夏——西瓜、芒果、哈密瓜、菠萝、桃子等。
- 秋——葡萄、梨等。
- 冬——猕猴桃、橘子等。

注意：

- 如果没有摆出菜单，就可以认为这是一家“没有菜单的店”。

- 鸡尾酒中的橄榄、水果之类的吃不吃都可以。
- 短饮鸡尾酒力争在 10 分钟内喝掉，长饮鸡尾酒力争在 20 分钟内喝掉。

如何点到好喝的鸡尾酒

1. 如果知道这四种烈性酒的话，就没理由不自信了

一旦你在毫无准备的情况下进入酒吧，当被问到“您需要点什么酒”的时候，或许会顿时感到手足无措。为了不出现这种尴尬的情况，在进入酒吧的时候，可以事先准备一些“想喝鸡尾酒”的卡片随身携带。哪怕只有一张卡片，无论什么样的酒吧都可以自信满满地推门就进。两杯之后，你就已经和调酒师言谈甚欢了，这个时候再选什么酒也都没关系了。不过为了保险起见，特别是对于那些很纠结的人来说，准备第二张、第三张也是很有必要的。

要特别提醒大家的是，在准备这些卡片之前，还是很有必要了解一下最基本的鸡尾酒的，也就是烈性酒的相关信息。

说到烈性酒，其实就是酒精度数高的蒸馏酒。一般来说，烈性酒有四大种，分别是金酒、伏特加、朗姆和龙舌兰。基本的鸡尾酒是由这四种组成的，在此基础上再分类就是利口酒。

为何在一开始就如此隆重地介绍烈性酒呢？因为它们可不只是有基本分类那么简单，还有更大的玄机。

“金酒 / 伏特加 / 龙舌兰”×“短饮鸡尾酒 / 长饮鸡尾酒”，每当以这种形式点酒时已经明确指出了自己的要求：“来杯朗姆的短饮鸡尾酒，有什么好酒推荐一下”“请来一杯金酒的长饮鸡尾酒”……

如果还要追问调酒师：“哪一种品牌的朗姆酒最好”，得到的回答肯定是“这个请不用担心，交给我吧”，并伴以迷人的微笑。其实我想悄悄告诉你，知道这四种烈性酒就已经足够了，足以体现出你的行家身份。

在这四种烈性酒中，或许让调酒师感觉最有难度的就是龙舌兰，而对于客人则恰恰相反，他们认为龙舌兰是一种最容易了解其特点的酒。所以对于刚开始喝酒的人来说，最好准备一些龙舌兰，比起金酒、伏特加和朗姆来说，选龙舌兰肯定喝到美味鸡尾酒的概率会更高。

在这些烈性酒中，伏特加应该说最接近于纯粹的酒精，属于中性的味道。因此几乎没有什么与它不相容的酒。“用伏特加调一杯痛快的长饮鸡尾酒”“来一杯水果伏特加鸡尾酒”，每当听到这些要求的时候，基本上奉上的都会是很可口的鸡尾酒。

2. 精心挑选！“男女”×“酒的强度”，按照这个规则挑选出来的鸡尾酒 Top3

说到鸡尾酒的种类，或许比你想的要多得多。接下来我会按性别、长短的不同组合，每种组合介绍 3 种鸡尾酒给大家，这样大家就可以把它作为你的随身秘籍而出入各种酒吧了。

我给大家介绍的这些种类都是写在菜单上的最基本的鸡尾酒，供大家选择。还有不在以上烈性酒之列的其他不错的鸡尾酒，我就不一一罗列了。

（1）男性短饮鸡尾酒。

马天尼——金酒类。被称为“鸡尾酒之王”，这是一款最能感受到调酒师意境的鸡尾酒，因此点这种酒的人也是最多的。这种酒由于加入了含有味美思香草的葡萄酒而广受欢迎，不过，这种酒对于刚开始喝酒的人来说恐怕接受起来有些困难。

螺丝钻——金酒类。比起赫赫有名的“马天尼”知名度还差一些，但这款酒绝对是刚开始喝酒的人的首选。仅用金酒和酸橙进行搭配，可谓是简而不凡。

玛格丽特——龙舌兰类。由一种披萨而得名，也是大家点得很多的一款鸡尾酒。这款酒是龙舌兰与玻璃杯中的盐相融之后的完美结合！偶尔会被问到这样一个问题，杯中的盐要全部品尝掉吗？答案就是——没这个必要。

（2）男性长饮鸡尾酒。

金汤尼——是在金酒中加入汤力水调制而成的。每当点到金汤尼的时候，恐怕都会被问到“有什么指定的金酒吗”，如果没有特别钟情的，直接回答“孟买蓝宝石”就好了。这是一个在日本泡沫经济时代很流行的品牌，给人一种很时尚的感觉。当然，把决定权交给调酒师也是没问题的（说实话，金酒依据品牌的不同味道也不一样，不过如果没有达到品酒很专业的程度也是发现不了这一点的。调酒师肯定会按照客人所希望的那样去做，所以是否指定金酒品牌也都没关系）。

莫斯科之骡——伏特加类。姜汁汽水和酸橙果汁调制而成的鸡尾酒。是在伏特加类中最容易饮用的。需要盛放在铜制马克杯中调制而出，简直是太完美了。

新加坡司令——金酒类。酒如其名，产自新加坡。这款酒的材料很多，制作它会耗费很大工夫。同时，调酒师的手法不同，制作出的味道也会有很大不同，但无论如何，这都是一款口感香甜的好酒。

（3）女性短饮鸡尾酒。

亚历山大——白兰地类。在鲜奶油中加入可可利口酒，完全符合餐后甜点的标准。喜欢这种酒的人，肯定是沉迷于绿色玻璃漏斗杯那一类的。

白色丽人——金酒类。橘子利口酒、柠檬果汁与柑橘系的完美结合，淡淡黏稠的鸡尾酒。如果你想要不太甜的酒，那这款正好。而如果连这款酒都觉得甜，那么就请再从“男性短饮鸡尾酒”中选择吧。

蓝色珊瑚礁——金酒类。红色的樱桃在薄荷绿的映衬下显得格外好看。作为一款出自于日本的鸡尾酒，一直以来被定义为难得一见的标准鸡尾酒。

（4）女性长饮鸡尾酒。

斯普莫尼——金巴利（利口酒）类。在葡萄柚果汁中加入一些清凉饮料，给人十分清爽的口感。如果是学生们的在御用居酒屋饮用，估计喝了之后会觉得不舒服。

但如果是在酒吧里饮用，这肯定是一款超级好喝的鸡尾酒。这绝对是一种成人之后再饮用时会感觉焕然一新的鸡尾酒。

墨西哥湾流——伏特加类。在调酒器中摇摆后制成的长饮鸡尾酒，是一款升级版鸡尾酒。有一种桃子利口酒、葡萄柚汁、菠萝汁混杂而成的热带味道，无论谁来调制，只要是照着基本的手法制作，味道都会很好。调好之后是蓝色的，看上去非常漂亮。由于甜度适中，是一款约会时男生常为女生点的鸡尾酒。

朗姆可乐，又名自由古巴——由朗姆和可乐调制而成。现在连做点心时都会使用朗姆，所以也不能说这只是一款针对女性的鸡尾酒。这款鸡尾酒甘甜又好喝，连不怎么喝酒的人都难以拒绝。

3. 第一张威士忌实践卡片

威士忌好像是一种不错的“成人爱好”。行家们十分享受冰块在威士忌中慢慢融化后和威士忌混为一体的感觉，为了找寻这种最美味的瞬间的人应该不在少数。一旦沉迷于此，便好似一脚踏入了无法摆脱的沼泽，不能自拔。

但说到底，那都是行家们的乐趣。作为一个不想研究太多、只想喝好酒的人，只要让自己喝得开心、喝得快乐就足够了。今天要给大家介绍的其实只是在酒吧喝威士忌的一些入门知识，可以说这只是有无穷魅力的威士忌世界的一点皮毛而已。

首先，就像一般的鸡尾酒一样，威士忌依据不同调酒师手法的不同味道也会有很大差异，特别是威士忌中加水的量。也许是个巧合，但如果想成为一名调酒师，反复练习和研究威士忌中的加水量是一门必修课。这绝对不是简单地加水那么容易，而是要用适量的水进行调节，以确保达到最美味的效果。

我们经常会听到这样的要求：向一些威士忌里加些水。而说到需要加水的威士忌，最好的品牌应当是三得利的“山崎”了，我们甚至可以说这种威士忌是专门为了加水而生产的。

再说说依靠着“角瓶海波”热潮而被我们逐渐熟知的苏打威士忌，我们对它满怀希望，期待着它能够带来些不一样的感觉。而如果随着时间的推移，连兑苏打水也觉得没有新鲜感的话，可以尝试一下兑了可乐的加拿大威士忌（产自加拿大），甚至是加一些柠檬汁。我突然觉得刚才说的话有点像台词，不过这不是最重要的，重要的是你一定要试一试。搞不懂为什么会有这么多人喜欢这种喝法，但我想说，即使是我在喝得无趣的时候也会尝试这种方法。所以，这由不得调酒师啊。

在尝试兑苏打水和水的过程中，一定会有某个瞬间爆发出这样的想法——威士忌本身的最纯粹的味道是什么呢？虽然一直以来就是这样兑着喝，但如果有了马上想放冰块进去的冲动，我还是建议你喝口感比较轻的加拿大威士忌（这种酒因一家加拿大的俱乐部而得名，应该每个酒吧都有吧）。这对于刚开始喝酒的人来说，肯定是件好事。

还有就是，以“竹鹤”（日产威士忌）和“响”（三得利）为代表的日本威士忌其实也是很不错的。它们的味道与一些世界知名品牌的酒相比可以说一点也不差，不妨点一杯冰块威士忌或者半冰威士忌（用威士忌与冰、碳酸等按照 1:1 调制而成）。

现实中我们或许会遇到这样的场景，每当走入酒吧的时候，面对着众多选择反而不知该向调酒师说些什么了。为了避免这种尴尬情况的发生，我给大家列了几个品牌以备不时之需。

初级水平＝加拿大俱乐部（这可以说是最容易喝的）。

中级水平＝山崎、麦卡伦（这是一种产自苏格兰的威士忌）。

高级水平＝波摩、拉弗格（好似碘酒一般，一款有独特香味的苏格兰威士忌，被称为艾雷系。好似乳酪中的蓝色乳酪，一般情况下不要尝试）。

威士忌这种酒是需要慢慢体会、细细品尝的。如果是有些兴趣的话，不妨先找到一个自己钟爱的品牌，然后再仔细玩味。

即使是同一品牌的威士忌，由于饮用方法的不同，味道和香味也可能完全不一样。如果能注意到这一点，那基本上可以算是威士忌的行家了。再去酒吧的话，想必也一定会很开心！

如果说葡萄酒和日本清酒是作为餐中酒享用的话，那么鸡尾酒和威士忌则是用来在酒吧享受时光的。一个人去也可以，三五成群也无妨。还有什么顾虑呢？大胆地走进酒吧，去享受你那精彩的人生吧！

注意：

- 只要决定了（烈酒种类）×（长饮 / 短饮）的组合，就尽管去点酒吧。

- 辨别伏特加的好坏不难，但如果连龙舌兰的优劣都能分清，那可绝不是菜鸟。
- 在威士忌中兑水的话，可以说是三得利的“山崎”最棒。

后　　记

我们常说的“年轻人习惯喝酒”，其实这种说法已经流传有一段时间了。

而事实上，或许现在的年轻人并不只是每天都在居酒屋喝酒。我们经常可以看到年轻人参加各种社交酒会，或者很时髦地站在吧台与人畅饮，这种场景几乎每天晚上都会出现。

我们所说的“年轻人习惯喝酒”，其中的“酒”已经从一种让人醉的东西变成了一种玩味生活的美好体验，我这么说想必你应该不会反对吧？

正因如此，为了能够品尝酒的美味而不断努力是我们的使命，没有任何理由可以让我们懈怠。

正是基于这一点，我本着尽量排除所有晦涩难懂的问题的原则而编写了这本书。编写这本饮酒入门书的目的就是不仅让你了解，更是为了带你一起享受饮酒世界的无穷快乐。

酒应该属于嗜好品，正因为是嗜好品，所以每个人对酒的评价褒贬不一也是很正常的。对于你来说最好的酒，在我这里可能就不是那么回事。如果能有一种谁都认为好的酒，那或许世界上只需要这一种酒就可以了。但如果真是这样的话，世界也会变得很无趣。所以，没有什么不好意思，也没有必要去迎合他人，自己喜欢什么直接说出来就可以了。如果读过本书之后能有这样的勇气，那么对于作者来说绝对是最开心的事了。

如果关于选酒的一些简单规则大家都已经掌握了，人生的美好之一毫无疑问就是酒的存在，那么，就让我们去慢慢探索美酒的世界吧！

最后，请允许我向本书参与执笔的山口奈绪子小姐、从女性视角就酒的表现和感知方法给了我很多宝贵建议的佐藤真贵子小姐、在编辑过程中给了我莫大帮助的来自 batons 的田中裕子小姐，以及来自 Discover（发现）21 株式会社的井上慎平先生致以我最衷心的谢意。没有你们的辛勤帮助和付出，就不会有本书的顺利完成和出版。

当然，还要感谢我的妻子和孩子，你们的迷人笑脸是我最大的动力。我也衷心希望每当我的孩子喝酒的时候，都能理解这个国家酒文化更加丰富的内涵，这将成为连接我们父子的最绚烂的纽带！

2016 年 6 月

山口直树